建设行业专业人员快速上岗 100 问丛书

手把手教你当好安装预算员

岳井峰　主　编
尚伟红　副主编

U0295054

中国建筑工业出版社

图书在版编目（CIP）数据

手把手教你当好安装预算员/岳井峰主编. —北京：
中国建筑工业出版社，2015.11
（建设行业专业人员快速上岗100问丛书）
ISBN 978-7-112-18362-3

Ⅰ.①手… Ⅱ.①岳… Ⅲ.①建筑安装-建筑预算
定额-问题解答　Ⅳ.①TU723.3-44

中国版本图书馆CIP数据核字（2015）第183940号

建设行业专业人员快速上岗100问丛书
手把手教你当好安装预算员
岳井峰　主　编

尚伟红　副主编
*
中国建筑工业出版社出版、发行（北京西郊百万庄）
各地新华书店、建筑书店经销
北京科地亚盟排版公司制版
北京市安泰印刷厂印刷
*
开本：850×1168毫米　1/32　印张：7　字数：187千字
2015年11月第一版　2015年11月第一次印刷
定价：**22.00**元
ISBN 978-7-112-18362-3
（27613）

本书是"建设行业专业人员快速上岗100问丛书"之一。主要根据《建筑与市政工程施工现场专业人员职业标准》JGJ/T 250—2011编写。全书共六章，包括安装预算员的素质要求和职业道德、安装工程计量与计价通用知识与技能、电气设备安装工程计量与计价、水暖等管道安装工程计量与计价、通风空调工程计量与计价以及安装工程造价的控制。

为了方便读者的学习与理解，全书采用一问一答的形式，对书中内容进行分解，共列出143道问题，逐一进行阐述，针对性和参考性强。

本书可供建设行业工程技术人员、造价员、管理人员以及大中专院校相关学生参考使用。

责任编辑：范业庶　万　李　王砾瑶
责任设计：张　虹
责任校对：赵　颖　刘梦然

出版说明

　　随着科学技术的日新月异和经济建设的高速发展，中国已成为世界最大的建设市场。近几年建设投资规模增长迅速，工程建设随处可见。

　　建设行业专业人员（各专业施工员、质量员、预算员，以及安全员、测量员、材料员等）作为施工现场的技术骨干，其业务水平和管理水平的高低，直接影响着工程建设项目能否有序、高效、高质量地完成。这些技术管理人员中，业务水平参差不齐，有不少是由其他岗位调职过来以及刚跨入这一行业的应届毕业生，他们迫切需要学习、培训，或是能有一些像工地老师傅般手把手实物教学的学习资料和读物。

　　为了满足广大建设行业专业人员入职上岗学习和培训需要，我们特组织有关专家编写了本套丛书。丛书涵盖建设行业施工现场各个专业，以国家及行业有关职业标准的要求和规定进行编写，按照一问一答的形式对专业人员的工作职责、应该掌握的专业知识、应会的专业技能、对实际工作中常见问题的处理等进行讲解，注重系统性、知识性，尤其注重实用性、指导性。在编写内容上严格遵照最新颁布的国家技术规范和行业技术规范。希望本套丛书能够帮助建设行业专业人员快速掌握专业知识，从容应对工作中的疑难问题。同时也真诚地希望各位读者对书中不足之处提出批评指正，以便我们进一步改进和完善。

中国建筑工业出版社

2015 年 7 月

前　　言

本书严格遵照 2013 年 7 月 1 日开始实施的中华人民共和国国家标准《建设工程工程量清单计价规范》GB 50500—2013、《通用安装工程工程量计算规范》GB 50856—2013 和重新修订的《建筑安装工程费用项目组成》（建标〔2013〕44 号）及相关预算定额编写。本丛书按照一问一答的形式对专业人员的工作职责、应该掌握的专业知识、应会的专业技能、对实际工作中常见问题的处理等进行讲解，注重系统性、知识性，尤其注重实用性、指导性，以满足建设市场计量、计价的需要和工程造价领域从业人员理解新规范、新文件的需要。适用于建设行业工程技术人员、造价员、管理人员以及大中专院校相关学生。

本书主要分为六个部分：安装工程造价员的素质要求和职业道德、安装工程计量与计价通用知识与技巧、电气设备安装工程计量与计价、水暖等管道安装工程计量与计价、通风空调工程计量与计价、安装工程造价的控制。从安装工程造价员岗位的素质要求、职业道德开始入手，将各专业工程通用知识与技巧单独编排，便于各专业查阅，重点突出建筑电气设备安装工程、给水排水工程、采暖工程、通风与空调工程预算中常见的问题及技巧，同时对消防工程、工业管道工程等专业工程进行了补充。对于安装工程造价员应知应会的工程造价控制专业技巧进行了详细的解答。在很多问题中通过小案例的形式来进行解答，更为通俗易懂。

本书由岳井峰担任主编，尚伟红担任副主编，侯冉、陈爽、孙丽娜、张雨薇参与编写。具体分工是：岳井峰负责第二章、第三章编写，尚伟红负责第四章编写，陈爽负责第一章编写，孙丽娜负责第五章编写，侯冉、张雨薇负责第六章编写。

由于时间有限，以及编写人员水平有限，书中错误和不妥之处在所难免，请广大读者提出批评指正意见。

2015 年 2 月

目　　录

第三章　电气设备安装工程计量与计价

11

第四章 水暖等管道安装工程计量与计价

第五章 通风空调工程计量与计价

第六章 安装工程造价的控制

第一章　安装预算员的素质要求和职业道德

1. 安装工程预算员对专业能力有哪些要求？

答：（1）具备编制招投标文件，收集、整理部门工程造价相关文件资料的能力。

（2）具备编制工程量清单和招标控制价的能力。

（3）具备编制投标报价，组织工程投标相关工作的能力。

（4）具备编制专业工程施工预算（人工、材料、机械台班需求量计划）的能力。

（5）能够协助项目经理签订施工合同。

（6）能够协助项目经理办理工程预付款及工程进度款拨放相关工作。

（7）具备编制工程结算文件或审查竣工结算的能力。

（8）具备参与编制企业定额或企业内部专业工程消耗量定额的能力。

（9）能够负责专业工程材料信息价格的动态管理。

2. 安装工程预算员需要具备哪些专业知识？

答：（1）安装工程材料基本知识

1）熟悉安装工程材料的分类、基本性质及主要材料的性能和用途；

2）熟悉常用防腐、保温、隔热、衬里材料，掌握其单位用量计算；

3）熟悉管道、阀门、电线（缆）、焊条等常用材料的规格、性能及适用范围。

（2）安装工程设计基本知识

1）了解施工图纸设计阶段编制的基本内容；

2）熟悉设备分类、型号表示方法及表达意义；

3）了解供热、供水、供电、空调、消防、建筑智能化系统组成及主要设备。

（3）安装工程施工基本知识

1）了解安装工程施工的基本程序、工艺流程；

2）熟悉安装工程施工组织设计编制的主要内容；

3）了解通用设备、管道、送变电设备的安装及调试工艺和相关规范的基本内容。

（4）安装工程计价基本知识

1）能熟读安装工程图纸；

2）熟悉安装工程工程量计算规范；

3）掌握工程造价组成、计价方法（工程量清单计价方法、工料单价计价方法）及计价程序；

4）熟悉所在地区安装工程消耗量定额、施工费用定额的使用方法；

5）掌握所在地区安装工程预算定额的组成内容、使用原则和适用范围；

6）掌握安装工程量的计算规则和计算方法；

7）掌握安装工程预算定额总说明、各章说明及附录的应用方法；

8）掌握定额的套用、调整与换算方法。

（5）工程量清单的编制和报价知识

1）掌握安装工程工程量计算规范及工程量清单计价规范的基本要求，能熟练按照规范要求设置清单项目、计算工程量；

2）熟悉清单项目工作内容、项目特征的描述方法；

3）掌握投标报价的方法，针对不同的施工组织设计或施工方案，能结合工程实际熟练计算措施项目费；

4）能运用安装计价软件完成安装工程工程量清单、招标控制价编制和投标报价。

（6）工程造价的确定、调整和结算

1）熟悉工程造价与合同价格的关系；

2）能根据合同条款熟练进行造价调整和结算；

3）掌握工程预结算审查方法与要点；

4）熟悉甲供材料的结算方法。

3. 安装工程预算员应该遵守的职业道德有哪些？

答：（1）造价员应遵守国家法律、法规和行业技术规范，维护国家和社会公共利益，忠于职守，恪守职业道德，诚实守信，自觉抵制商业贿赂，保证工程造价业务文件的质量，接受工程造价管理机构及行业协会的从业行为检查。

（2）造价员不得同时在两个及两个以上单位从事工程造价业务活动。

（3）与委托人有利害关系时，应当主动回避。

（4）对违反国家法律、法规的计价行为，有权向国家有关部门举报。

（5）不得从事与本人取得资格专业不符的工程造价业务。

（6）不得允许他人以自己的名义从业或转借专用资格章。

（7）不得与当事人串通牟取不正当利益。

（8）应保守委托人的商业秘密。

4. 安装工程预算员的工作内容有哪些？安装工程预算员的工作职责及权限有哪些？

答：安装工程造价员的工作内容如下：

（1）参加图纸会审和技术交底，依据相关记录进行预算调整。

（2）前期策划阶段，参与建设项目投资估算的编制、审核及项目经济评价。

（3）参与工程概算、预算、竣工结（决）算、工程量清单、工程招标标底或招标控制价、投标报价的编制和审核。

（4）施工阶段，参与工程变更及合同价款的调整和索赔费用的计算。

（5）参与建设项目各阶段的工程造价控制工作。

（6）建立工程造价信息库，完成工程造价的经济分析，及时完成工程决算资料的归档。

安装工程造价员的工作职责及权限：

（1）可以从事与本人取得的《全国建设工程造价员资格证书》专业相符合的建设工程造价工作。

（2）在本人承担的工程造价业务文件上签字、加盖专用章，并承担相应的岗位责任。

（3）有权参加继续教育，提高专业技术水平。

第二章 安装工程计量与计价通用知识与技能

1. 什么是工程量计算及工程量计算规则？工程量计算的依据是什么？如何确定工程量计算规则中的长度？工程计量时每一项目汇总的有效位数规定是什么？

答：（1）工程量计算的含义

工程量计算（measurement of quantities）是指建设工程项目以工程设计图纸、施工组织设计或施工方案及有关技术经济文件为依据，按照相关工程国家标准的计算规则、计量单位等规定，进行工程数量的计算活动，在工程建设中简称工程计量。

（2）工程量计算规则的含义

工程量计算规则是确定建筑产品分部分项工程数量的基本规则，是进行工程计价的最基础资料之一。我国现行的安装工程工程量计算规则就是 2013 年 7 月 1 日开始执行的中华人民共和国国家标准《通用安装工程工程量计算规范》GB 50856—2013。

（3）工程量计算的依据

1）中华人民共和国国家标准《通用安装工程工程量计算规范》GB 50856—2013；

2）经审定通过的施工设计图纸及其说明；

3）经审定通过的施工组织设计或施工方案；

4）经审定通过的其他有关技术经济文件。

（4）工程量计算规则规定的计算尺寸的确定

工程量计算规则规定的计算尺寸，以设计图纸表示的或设计图纸能读出的尺寸为准。可作如下理解：

1）以设计图纸表示的尺寸：是指根据设计图纸的比例尺，

用直尺量出并计算出的尺寸。在测量时，以定位轴线为起点，较大的图形符号以图形符号中心点为终点，沿设计图线进行测量。

2）设计图纸能读出的尺寸：是指定位轴线标注尺寸直接读出的尺寸。由于电气线路都是画在墙轮廓线外，因此在计算尺寸时，以轴线尺寸为准。

（5）工程计量时每一项目汇总的有效位数规定

1）以"t"为单位，应保留小数后三位数字，第四位小数四舍五入；

2）以"m"、"m²"、"m³"、"kg"为单位，应保留小数后两位数字，第三位小数四舍五入；

3）以"台"、"个"、"件"、"套"、"根"、"组"、"系统"等为单位，应取整数。

2. 什么是工程计价？工程计价的原理是什么？工程计价的方式有哪几种，区别在哪里？

答：（1）工程计价的含义

所谓工程计价是指计算建设工程项目工程造价的过程，即计算招标控制价、投标价、签约合同价、预付款、进度款、合同价款调整、竣工结算价等的活动。

1）招标控制价

招标控制价是招标人根据国家或省级、行业建设主管部门颁布的有关计价依据和办法，以及拟定的招标文件和招标工程量清单，结合工程具体情况编制的招标工程的最高投标限价。

2）投标价

投标价是指投标人投标时响应招标文件要求所报出的对已标价工程量清单汇总后标明的总价。

3）签约合同价（即合同价款）

签约合同价也称合同价款，是指发承包双方在工程合同中约定的工程造价，即包括了分部分项工程费、措施项目费、其他项目费、规费和税金的合同总金额。

4）预付款

预付款是指在开工前，发包人按照合同约定，预先支付给承包人用于购买合同工程施工所需的材料、工程设备，以及组织施工机械和人员进场等的款项。

5）进度款

进度款是指在合同工程施工过程中，发包人按照合同约定对付款周期内承包人完成的合同价款给予支付的款项，也是合同价款期中结算支付。

6）合同价款调整

合同价款调整是指在合同价款调整因素出现后，发承包双方根据合同约定，对合同价款进行变动的提出、计算和确认。

7）竣工结算价

竣工结算价是发承包双方依据国家有关法律、法规和标准规定，按照合同约定确定的，包括在履行合同过程中按合同约定进行的合同价款调整，是承包人按合同约定完成了全部承包工作后，发包人应付给承包人的合同金额。

（2）工程计价的原理

$$工程造价 = \Sigma（工程实物量 \times 单位价格）$$

（3）工程计价的方式与区别

安装工程造价计价的模式有两种，分别为定额计价和工程量清单计价。

定额计价是根据国家标准《通用安装工程工程量计算规范》GB 50856—2013 计算出工程量后，查套预算定额单价，也就是基价，用这个定额单价与相对应的分项工程量相乘，就得出了各分项工程的人工费、材料费、机械费；将这些分项工程费相加就得出了分部分项工程费，经过调整价差后进一步计算其他各项费用的方法。

工程量清单计价是根据国家标准《通用安装工程工程量计算规范》GB 50856—2013 计算出工程量后，按照《建设工程工程量清单计价规范》GB 50500—2013 的要求，套用企业定额（或预算定额）计算出综合单价，进一步计算出分部分项工程费、措施项目费、其他项目费、规费和税金的方法。

两者的主要区别在于单位价格不同，定额单价是不完全价格，预算定额中称作基价，由人工费、材料费、机械费组成。清单综合单价是在单位价格中考虑了除人工费、材料费、机械费外的企业管理费与利润，以及一定范围内的风险费用。

3. 什么是工程造价？由哪几部分构成？

答：（1）工程造价的含义

工程造价的含义包括广义的工程造价和狭义的工程造价两种。广义的工程造价是指建设工程从项目建设之初到项目竣工投产这一全过程所耗费的费用之和，是形成固定资产的全部投资。包括建筑安装工程费、设备及工器具购置费、工程建设其他费、预备费、固定资产投资方向调节税和建设期利息等。狭义的工程造价是指建筑市场的交易价格，即建筑安装工程费用。预算中所说的工程造价都是指狭义的工程造价。

（2）建筑安装工程费用构成

1）建筑安装工程费用项目组成（按费用构成要素划分）

建筑安装工程费按照费用构成要素：由人工费、材料（包含工程设备，下同）费、施工机具使用费、企业管理费、利润、规费和税金组成。

2）建筑安装工程费用项目组成（按造价形成划分）

建筑安装工程费按照工程造价形成由分部分项工程费、措施项目费、其他项目费、规费、税金组成，其中分部分项工程费、措施项目费、其他项目费包含人工费、材料费、施工机具使用费、企业管理费和利润。

分部分项工程费是指各专业工程的分部分项工程应予列支的各项费用。

措施项目费是指为完成建设工程施工，发生于该工程施工前和施工过程中的技术、生活、安全、环境保护等方面的费用。

3）两种构成之间的关系

人工费、材料费、施工机具使用费、企业管理费和利润包含在分部分项工程费、措施项目费、其他项目费中。

4. 建筑安装工程费用的计算方法是什么?

答：根据住房城乡建设部、财政部关于印发《建筑安装工程费用项目组成》的通知（建标〔2013〕44号）中附件3《建筑安装工程费用参考计算方法》，可知建筑安装工程费用的计算方法如下。

（1）分部分项工程费

分部分项工程费 = Σ（分部分项工程量 × 综合单价）

式中：综合单价包括人工费、材料费、施工机具使用费、企业管理费和利润以及一定范围的风险费用（下同）。

（2）措施项目费

1）国家计量规范规定应予计量的措施项目，其计算公式为：

措施项目费 = Σ（措施项目工程量 × 综合单价）

2）国家计量规范规定不宜计量的措施项目计算方法如下：

① 安全文明施工费

安全文明施工费 = 计算基数 × 安全文明施工费费率(%)

② 夜间施工增加费

夜间施工增加费 = 计算基数 × 夜间施工增加费费率(%)

③ 二次搬运费

二次搬运费 = 计算基数 × 二次搬运费费率(%)

④ 冬雨期施工增加费

冬雨期施工增加费 = 计算基数 × 冬雨季施工增加费费率(%)

⑤ 已完工程及设备保护费

已完工程及设备保护费 = 计算基数 × 已完工程及设备
保护费费率(%)

计算基数应为定额基价（定额分部分项工程费＋定额中可以计量的措施项目费）、定额人工费或（定额人工费＋定额机械费），其费率由各地工程造价管理机构根据各专业工程的特点综合确定。

（3）其他项目费

1）暂列金额由建设单位根据工程特点，按有关计价规定估算，施工过程中由建设单位掌握使用，扣除合同价款调整后如有余额，归建设单位。

2）计日工由建设单位和施工企业按施工过程中的签证计价。

3）总承包服务费由建设单位在招标控制价中根据总包服务范围和有关计价规定编制，施工企业投标时自主报价，施工过程中按签约合同价执行。

（4）规费和税金

建设单位和施工企业均应按照省、自治区、直辖市或行业建设主管部门发布标准计算规费和税金，不得作为竞争性费用。

5. 什么是人工费？管理人员工资是否包含在内？具体考虑了哪些内容？

答：人工费是指按工资总额构成规定，支付给从事建筑安装工程施工的生产工人和附属生产单位工人的各项费用。这里的人工费仅仅是指生产工人的工资，管理人员工资不包含在内，而是包含在企业管理费里面。内容包括：

（1）计时工资或计件工资：是指按计时工资标准和工作时间或对已做工作按计件单价支付给个人的劳动报酬。

（2）奖金：是指对超额劳动和增收节支支付给个人的劳动报酬。如节约奖、劳动竞赛奖等。

（3）津贴补贴：是指为了补偿职工特殊或额外的劳动消耗和因其他特殊原因支付给个人的津贴，以及为了保证职工工资水平不受物价影响支付给个人的物价补贴。如流动施工津贴、特殊地区施工津贴、高温（寒）作业临时津贴、高空作业津贴等。

（4）加班加点工资：是指按规定支付的在法定节假日工作的加班工资和在法定日工作时间外延时工作的加点工资。

（5）特殊情况下支付的工资：是指根据国家法律、法规和政策规定，因病、工伤、产假、计划生育假、婚丧假、事假、探亲假、定期休假、停工学习、执行国家或社会义务等原因按计时工资标准或计时工资标准的一定比例支付的工资。

6. 什么是材料费？主要包括哪些内容？

答：材料费是指施工过程中耗费的原材料、辅助材料、构配件、零件、半成品或成品、工程设备的费用。内容包括：

（1）材料原价：是指材料、工程设备的出厂价格或商家供应价格。

（2）运杂费：是指材料、工程设备自来源地运至工地仓库或指定堆放地点所发生的全部费用。

（3）运输损耗费：是指材料在运输装卸过程中不可避免的损耗。

（4）采购及保管费：是指为组织采购、供应和保管材料、工程设备的过程中所需要的各项费用。包括采购费、仓储费、工地保管费、仓储损耗。

工程设备是指构成或计划构成永久工程一部分的机电设备、金属结构设备、仪器装置及其他类似的设备和装置。

7. 什么是机械费？主要包括哪些内容？

答：施工机具使用费是指施工作业所发生的施工机械、仪器仪表使用费或其租赁费。

（1）施工机械使用费：以施工机械台班耗用量乘以施工机械台班单价表示，施工机械台班单价应由下列七项费用组成：

1）折旧费：指施工机械在规定的使用年限内，陆续收回其原值的费用。

2）大修理费：指施工机械按规定的大修理间隔台班进行必要的大修理，以恢复其正常功能所需的费用。

3）经常修理费：指施工机械除大修理以外的各级保养和临时故障排除所需的费用。包括为保障机械正常运转所需替换设备与随机配备工具附具的摊销和维护费用，机械运转中日常保养所需润滑与擦拭的材料费用及机械停滞期间的维护和保养费用等。

4）安拆费及场外运费：安拆费指施工机械（大型机械除外）在现场进行安装与拆卸所需的人工、材料、机械和试运转费用以及机械辅助设施的折旧、搭设、拆除等费用；场外运费指施工机械整体或分体自停放地点运至施工现场或由一施工地点运至另一施工地点的运输、装卸、辅助材料及架线等费用。

5）人工费：指机上司机（司炉）和其他操作人员的人工费。

6）燃料动力费：指施工机械在运转作业中所消耗的各种燃料及水、电费等。

7）税费：指施工机械按照国家规定应缴纳的车船使用税、保险费及年检费等。

（2）仪器仪表使用费：是指工程施工所需使用的仪器仪表的摊销及维修费用。

8. 哪些费用属于企业管理费的内容？

答：企业管理费是指建筑安装企业组织施工生产和经营管理所需的费用。内容包括：

（1）管理人员工资：是指按规定支付给管理人员的计时工资、奖金、津贴补贴、加班加点工资及特殊情况下支付的工资等。

（2）办公费：是指企业管理办公用的文具、纸张、账表、印刷、邮电、书报、办公软件、现场监控、会议、水电、烧水和集体取暖降温（包括现场临时宿舍取暖降温）等费用。

（3）差旅交通费：是指职工因公出差、调动工作的差旅费、住勤补助费，市内交通费和误餐补助费，职工探亲路费，劳动力招募费，职工退休、退职一次性路费，工伤人员就医路费，工地转移费以及管理部门使用的交通工具的油料、燃料等费用。

（4）固定资产使用费：是指管理和试验部门及附属生产单位使用的属于固定资产的房屋、设备、仪器等的折旧、大修、维修或租赁费。

（5）工具用具使用费：是指企业施工生产和管理使用的不属于固定资产的工具、器具、家具、交通工具和检验、试验、测绘、消防用具等的购置、维修和摊销费。

（6）劳动保险和职工福利费：是指由企业支付的职工退职金、按规定支付给离休干部的经费、集体福利费、夏季防暑降温费、冬季取暖补贴、上下班交通补贴等。

（7）劳动保护费：是企业按规定发放的劳动保护用品的支出。如工作服、手套、防暑降温饮料以及在有碍身体健康的环境中施工的保健费用等。

（8）检验试验费：是指施工企业按照有关标准规定，对建筑以及材料、构件和建筑安装物进行一般鉴定、检查所发生的费用，包括自设试验室进行试验所耗用的材料等费用。不包括新结构、新材料的试验费，对构件做破坏性试验及其他特殊要求检验试验的费用和建设单位委托检测机构进行检测的费用，对此类检测发生的费用，由建设单位在工程建设其他费用中列支。但对施工企业提供的具有合格证明的材料进行检测不合格的，该检测费用由施工企业支付。

（9）工会经费：是指企业按《工会法》规定的全部职工工资总额比例计提的工会经费。

（10）职工教育经费：是指按职工工资总额的规定比例计提，企业为职工进行专业技术和职业技能培训，专业技术人员继续教育、职工职业技能鉴定、职业资格认定以及根据需要对职工进行各类文化教育所发生的费用。

（11）财产保险费：是指施工管理用财产、车辆等的保险费用。

（12）财务费：是指企业为施工生产筹集资金或提供预付款担保、履约担保、职工工资支付担保等所发生的各种费用。

（13）税金：是指企业按规定缴纳的房产税、车船使用税、土地使用税、印花税等。

（14）其他：包括技术转让费、技术开发费、投标费、业务招待费、绿化费、广告费、公证费、法律顾问费、审计费、咨询费、保险费等。

9. 什么是安装工程预算定额？全国统一安装工程预算定额共由多少册构成？每册由哪些内容组成？

答：（1）安装工程预算定额的概念

安装工程预算定额是指在合理的施工组织设计、正常施工条件下，完成单位合格产品所必须消耗的人工、材料、机械台班的数量标准。是编制预算和确定工程造价的标准，是工程建设中的一项重要的技术经济文件，是安装工程造价人员必须掌握的基本知识。这里需要强调的是，所谓定额是消耗的数量标准，而非价格标准。

（2）全国统一安装工程预算定额组成

目前，《全国统一安装工程预算定额》共分十三册，包括：

第一册，机械设备安装工程　GYD—201—2000；

第二册，电气设备安装工程　GYD—202—2000；

第三册，热力设备安装工程　GYD—203—2000；

第四册，炉窑砌筑工程　GYD—204—2000；

第五册，静置设备与工艺金属结构制作与安装工程　GYD—205—2000；

第六册，工业管道工程　GYD—206—2000；

第七册，消防及安全防范设备安装工程　GYD—207—2000；

第八册，给排水、采暖、燃气工程　GYD—208—2000；

第九册，通风空调工程　GYD—209—2000；

第十册，自动化控制仪表安装工程　GYD—210—2000；

第十一册，刷油、防腐蚀、绝热工程　GYD—211—2000；

第十二册，通信设备及线路安装工程　GYD—212—2000（另行发布）；

第十三册，建筑智能化系统设备安装工程　GYD—213—

2003。

（3）全国统一安装工程预算定额通常由以下内容组成：

1）总说明

介绍关于定额的主要内容、适用范围、编制依据、适用条件、作用以及定额中人工工日消耗量、材料消耗量和施工机械台班消耗量的确定方法及有关规定等。

2）册说明

主要介绍该册定额的适用范围、编制依据、适合条件、工作内容及有关规定和定额的使用方法和注意事项等。

3）目录

为查、套定额提供索引。

4）章说明

介绍本章定额的适用范围、内容、计算规则以及有关定额系数的规定等。

5）定额项目表

它是每篇安装定额的核心内容。其中包括：分节工作内容、各分项定额的人工、材料和机械台班消耗量指标以及定额基价、未计价材料等内容。

6）附录

一般置于各篇定额表的后面，其内容主要有材料、元件等重量表、配合比表、损耗率表以及选用的一些价格表等。

10. 预算定额中关于人工工日消耗量、材料消耗量及施工机械台班消耗量有哪些具体规定？

答：（1）人工工日消耗量的确定

定额中的人工工日不分列工种和技术等级，一律以综合工日表示，内容包括基本用工、超运距用工、辅助用工和人工幅度差。

基本用工是指完成某个子项工程所必需消耗的主要用工量。

超运距用工是指预算定额中取定的材料、半成品等的运输距离，超过劳动定额规定的运输距离，所需增加的工日数。

辅助用工是指技术工种劳动定额内不包括而在预算定额内又必须考虑的用工。如材料加工等用工。

人工幅度差是指在劳动定额中未包括而在正常施工情况下不可避免但又很难准确计量的用工和各种工时损失。现行国家统一建筑安装工程劳动定额规定，土建工程为 10%，安装工程为 12%，其计算公式为：

人工幅度差＝(基本用工＋超运距用工＋辅助用工)×人工幅度差系数。

综合工日的单价包括基本工资和工资性津贴等。

(2) 材料消耗量的确定

1) 定额中的材料消耗量包括直接消耗在安装工作内容中的主要材料、辅助材料和零星材料等，并计入了相应损耗，其内容和范围包括：从工地仓库、现场集中堆放地点或现场加工地点到安装地点的运输损耗、施工操作损耗、施工现场堆放损耗。

2) 凡定额内未注明单价的材料均为主材，基价中不包括其价格，应根据"( )"内所列的用量，按各省、自治区、直辖市的材料预算价格计算。

3) 用量很少，对基价影响很小的零星材料合并为其他材料费，计入材料费内。

4) 施工措施性消耗部分，周转性材料按不同施工方法、不同材质分别列出一次使用量和一次摊销量。

5) 主要材料损耗率见各册附录。

主要材料也称主材，是指构成工程实体的材料，其中也包括成品、半成品材料。安装工程中是指安装施工的对象，可以是设备，也可以是施工材料。在定额的项目表下面往往注有主要材料名称，使用时要认真阅读。

主材费是指主要材料的费用。安装工程定额中大多数不包含主材费，定额中给定的是安装费用。因此，要单独计算主材费，这一部分占工程造价的比例很大。

根据定额项目表下面所注明的主要材料来进行计算，计算主材费的方法有两种情形。

情形一：在定额材料表中没有主要材料的名称。此时要按照主要材料的实际使用量来计算主材费。但如果主要材料是施工材料而非设备时，要根据工程量计算规则中的规定增加相应的损耗率。例如，在项目表中成套配电箱安装的材料一栏内没有成套配电箱的名称，而很明显成套配电箱是主要材料，属于设备，要按照工程量统计中的实际使用量计算主材费。接地极制作安装项目表材料一栏没有接地极（钢管、角钢、圆钢等）的名称，但接地极是主要材料（施工材料），要增加相应的损耗率，查附录主要材料损耗率表得知型钢的损耗率为5.00％。

情形二：在定额材料表中有主要材料名称，但没有材料单价，在表中主要材料名称一行中有一组带括号的数字，表明一个定额计量单位所使用的主要材料用量，称为定额含量，用其计算主材费。例如，管内穿线"铜芯4"的项目表中材料一栏有"绝缘导线"的名称，而无单价，其定额含量为110.00m，表明100m单线需要绝缘导线的用量是110.00m，要用这个定额含量乘以各省、自治区、直辖市的材料预算价格来计算主材费。

辅助材料是指工程施工过程中所必须使用的少量材料。这些材料都列在了定额项目表的材料栏内，构成定额基价中的材料费。如"成套配电箱安装"中的钢板垫板、铜接线端子、塑料软管等都是辅助材料。

零星材料是指在工程施工中用量很少、对基价影响很小的材料。合并为其他材料费，计入材料费内。例如，在"钢制桥架"安装项目表中就有其他材料费一项，已计入定额基价的材料费中。

发生材料损耗的范围和内容：从工地仓库、现场集中堆放地点或现场加工地点到安装地点的运输损耗、施工操作损耗、施工现场堆放损耗。

（3）施工机械台班消耗量的确定

1）定额中的机械台班消耗量是按正常合理的机械配备和大多数施工企业的机械化装备程度综合取定的。

2）凡单位价值在 2000 元以内，使用年限在两年以内的不构成固定资产的工具、用具等未进入定额，应在建筑安装工程费用定额中考虑。

3）施工机械台班单价，是按 1998 年建设部颁发的《全国统一施工机械台班费用定额》计算的，其中未包括养路费和车船使用税等，可按各省、自治区、直辖市的有关规定计入。

（4）施工仪器仪表台班消耗量的确定

1）定额中的施工仪器仪表消耗量是按大多数施工企业的现场校验仪器仪表配备情况综合取定的，实际与定额不符时，除各章另有说明外，均不作调整。

2）凡单位价值在 2000 元以内，使用年限在两年以内的不构成固定资产的施工仪器仪表等未进入定额，应在建筑安装工程费用定额中考虑。

3）施工仪器仪表台班单价，是按 2000 年建设部颁发的《全国统一安装工程施工仪器仪表台班费用定额》计算的。

此外，总说明中还明确了界限范围：定额中注有"×××以内"或"×××以下"者，均包括×××本身；"×××以外"或"×××以上"者，则不包括×××本身。

11. 怎么查套预算定额计算分部分项工程费？主材费用怎么计算？

答：查套预算定额主要是查套定额项目表。下面以"管内穿线"为例来说明定额项目表的使用。

（1）熟悉工作内容

在表的左上角处，工作内容为穿引线、扫管、涂滑石粉、穿线、编号、接焊包头。这些是完成管内穿线的施工工艺，是定额项目所包含的工程内容。不再需要单独计算工程造价。

（2）查计量单位

在表的右上角处，单位为 100m 单线。这个计量单位要引起注意，不是每米，而是每百米。也就是说表中的定额基价、人工费、材料费、机械费都是 100m 导线的施工费用，要注意折算。

（3）套用定额编号

在表格的第一行中体现。2-1169 表示第二册中的第 1169 个定额子目。

（4）套用项目名称

在表格的第二行中体现。定额子目可以分为照明线路和动力线路两个大项，根据导线材料和截面积的不同，可以划分为若干个子目。例如，2-1173 子目就是铜芯 4mm² 以内的照明线路。如果是 1.5mm² 的铝芯导线则执行 2-1169 子目，因为定额子目表中规定的都是"××以内"。

（5）熟悉定额细目表

定额细目表由人工、材料、机械消耗组成。在进行预算时，通常只需要查取定额项目表中的主要材料用量，计算主材费。其他项目直接在定额基价中套取即可，当发生价格变化时在允许调整的情况下才会用到。

1）人工：以综合工日计算，单位是"工日"，后面的数字是该定额子目的用工数量。例如，2-1173 子目中，用工数量为 0.700 工日，用工数量乘以人工单价 23.22 元（总说明中可知）就是该子目的人工费 16.25 元。

2）材料表：表中列出完成该子目施工所需的材料名称、单位和数量。主要材料是绝缘导线，括号内的数字是定额含量，也是计算主材费的数量。主材费并不构成材料费。除主要材料外，其他都是辅助材料。

3）机械台班：机械台班是完成该子目所需的施工机械，有汽车式起重机、载货汽车、交流弧焊机、电动卷扬机等，单位是"台班"，后面的数字是施工用量。管内穿线工程中因不使用机械，因此无此项目。

(6) 套用定额基价

定额基价在表格的第三行中体现。是指预算定额中确定消耗在工程基本构造要素上（工程子目）的人工、材料、机械台班消耗量。在定额中以价值形式反映，由人工费、材料费、机械台班费三部分组成。基价是编制预算时必须使用的。

1) 定额人工费：是指直接从事安装工程的施工工人（包括场内水平和垂直运输等辅助工人和机械操作工人）完成分项工程所开支的各项费用之和（包括基本工资、工资性津贴和属于生产工人开支的各项费用）。相关规定见总说明。

2) 定额材料费：是指消耗在单位工程分项项目上的材料、零配件消耗量和周转材料的摊销量，按相应的价格计算的费用之和。

安装工程材料分计价材料和未计价材料，定额材料费包括计价材料费和未计价材料费。凡定额内未注明单价的材料均为主材，基价中不包括其价格，应根据"（ ）"内所列的用量，按各省、自治区、直辖市的造价总站发布的信息价或市场实际发生的材料价格计算。

3) 定额机械台班费：指完成单位工程分项项目所用的各种机械台班费用之和。预算单价中包括折旧费、大修理费、经常修理费、机械安拆费及场外运输费、燃料动力费、人工费、养路费及车船使用税。

例如，铜芯 $4mm^2$ 的照明导线 30m 长，计算其定额基价、人工费、材料费和机械费。

查取定额编号为 2-1173，进行定额套用。

基价：$33.86 \times 30/100 = 10.16$ （元）

其中，人工费：$16.25 \times 30/100 = 4.88$ （元）

机械费：0

如已知铜芯 $4mm^2$ 的聚氯乙烯绝缘导线的预算价格为 2.88元/m（附录中查取，或市场询价），计算得出主材用量为 $110.00 \times 30/100 = 33$ （m），则主材费为 $2.88 \times 33 = 95.04$ （元），分部分项工程费为 $10.16 + 95.04 = 105.20$ （元）。

12. 如何计算管理费、利润、措施项目费及规费等费用？

答：管理费、利润及措施项目费、规费等费用是通过一定的取费基数乘以相应的系数来确定的。

请找到你当地的《工程费用标准》（我们以《辽宁省建设工程计价依据——建设工程费用标准》为例，下同），也称费用定额，在这里面有关于管理费、利润及措施项目费、规费等费用计算过程中取费基数和系数的详细规定。下面以管理费和利润为例说明计算方法。

（1）取费基数确定

通过《工程费用标准》中的"费用计取规则"可知，总承包与专业承包工程以计价定额分部分项工程费中的"人工费＋机械费"为计费基数（其中人工费不含机械费中的人工费，各省取费基数不同）。我们假设 DN15 铝塑复合管安装的人工费为 39.60元，机械费为 0 元，则取费基数为 39.60＋0＝39.60（元）。

（2）系数确定方法

根据招标文件的要求及拟投标工程可知工程的承包方式及范围（我们在此假定是机电设备安装工程施工总承包方式）。

工程类别的确定：按照《工程费用标准》中的工程类别划分标准确定，见表 2-1。

工程类别划分标准 表 2-1

工程类别	划分标准	说明
一	1. 单层厂房 15000m² 以上； 2. 多层厂房 20000m² 以上； 3. 单体民用建筑 25000m² 以上； 4. 机电设备安装工程、建筑工程类、装饰装修工程、房屋修缮工程等不能按建筑面积确定工程类别的工程，工程费（不含设备）在 1500 万元以上； 5. 市政公用工程工程费（不含设备）3000 万元以上	单层厂房跨度超过 30m 或高度超过 18m、多层厂房跨度超过 24m、民用建筑檐高超过 100m、机电设备安装单体设备质量超过 80t、市政工程的隧道及长度超过 80m 的桥梁工程，可按二类工程费率

工程类别	划分标准	说明
二	1. 单层厂房 10000m² 以上，15000m² 以下； 2. 多层厂房 15000m² 以上，20000m² 以下； 3. 单体民用建筑 18000m² 以上，25000m² 以下； 4. 机电设备安装工程、建筑工程类、装饰装修工程、房屋修缮工程等不能按建筑面积确定工程类别的工程，工程费（不含设备）在 1000 万元以上，1500 万元以下； 5. 市政公用工程工程费（不含设备）2000 万元以上，3000 万元以下； 6. 园林绿化工程工程费 500 万元以上	单层厂房跨度超过 24m 或高度超过 15m、多层厂房跨度超过 18m、民用建筑檐高超过 80m、机电设备安装单体设备质量超过 50t、市政工程的隧道及长度超过 50m 的桥梁工程，可按三类工程费率
三	1. 单层厂房 5000m² 以上，10000m² 以下； 2. 多层厂房 8000m² 以上，15000m² 以下； 3. 单体民用建筑 10000m² 以上，18000m² 以下； 4. 机电设备安装工程、建筑工程类、装饰装修工程、房屋修缮工程等不能按建筑面积确定工程类别的工程，工程费（不含设备）在 500 万元以上，1000 万元以下； 5. 市政公用工程工程费（不含设备）1000 万元以上，2000 万元以下； 6. 园林绿化工程工程费 200 万元以上，500 万元以下	单层厂房跨度超过 18m 或高度超过 10m、多层厂房跨度超过 15m、民用建筑檐高超过 50m、机电设备安装单体设备质量超过 30t、市政工程的隧道及长度超过 30m 的桥梁工程，可按四类工程费率
四	1. 单层厂房 5000m² 以下； 2. 多层厂房 8000m² 以下； 3. 单体民用建筑 10000m² 以下； 4. 机电设备安装工程、建筑工程类、装饰装修工程、房屋修缮工程等不能按建筑面积确定工程类别的工程，工程费（不含设备）在 500 万元以下； 5. 市政公用工程工程费（不含设备）1000 万元以下； 6. 园林绿化工程工程费 200 万元以下	

我们假设工程项目为四类工程。

接下来，我们在《工程费用标准》中找到"各类工程费率"项目中的"企业管理费"表2-2和"利润"表2-3，分别在"总承包工程——机电设备安装工程"所对应的列与工程类别"四"类所对应的行相交叉处查到16.80％和21.60％。

企业管理费（单位:%）　　　　　　表 2-2

工程项目　工程类别	总承包工程		专业承包工程	
	建筑工程、市政工程	机电设备安装工程	建筑工程类、市政园林工程	装饰装修工程、机电设备安装工程
一	12.25	11.20	8.75	7.70
二	14.00	12.95	10.50	9.10
三	16.10	15.05	12.25	11.20
四	18.20	16.80	13.65	12.25

利润（单位:%）　　　　　　表 2-3

工程项目　工程类别	总承包工程		专业承包工程	
	建筑工程、市政工程	机电设备安装工程	建筑工程类、市政园林工程	装饰装修工程、机电设备安装工程
一	15.75	14.40	11.25	9.90
二	18.00	16.65	13.50	11.70
三	20.70	19.35	16.75	14.40
四	23.40	21.60	17.55	15.75

（3）管理费和利润的确定

找到取费基数和系数后就可以计算管理费和利润了，分别按人工费和机械费之和的16.80％和21.60％计取，即（人工费＋机械费）×16.80％（或21.60％）。DN15铝塑复合管安装的管理费为（39.60＋0）×16.80％＝6.65（元）。

13. 什么是工程量清单？由谁负责编制？编制的依据和步骤是什么？

答：（1）工程量清单的含义

工程量清单（bills of quantities，简称 BQ 单）是载明建设工程分部分项工程项目、措施项目、其他项目的名称和相应数量以及规费、税金项目等内容的明细清单。由分部分项工程项目清单、措施项目清单、其他项目清单、规费和税金项目清单组成。分为招标工程量清单和已标价工程量清单两种。

招标工程量清单是指招标人依据国家标准、招标文件、设计文件以及施工现场实际情况编制的，随招标文件发布供投标报价的工程量清单，包括其说明和表格。

已标价工程量清单是指构成合同文件组成部分的投标文件中已标明价格，经算术性错误修正（如有）且承包人已确认的工程量清单，包括其说明和表格。

（2）编制人

招标工程量清单应由具有编制能力的招标人或受其委托、具有相应资质的工程造价咨询人进行编制。招标工程量清单必须作为招标文件的组成部分，其准确性和完整性应由招标人负责。

已标价工程量清单由投标人进行投标报价。

（3）招标工程量清单编制的依据

1）《建设工程工程量清单计价规范》GB 50500—2013 和相关工程的国家计量规范（如《通用安装工程工程量计算规范》GB 50856—2013；

2）国家或省级、行业建设主管部门颁发的计价定额和办法；

3）建设工程设计文件及相关资料；

4）与建设工程项目有关的标准、规范、技术资料；

5）拟定的招标文件；

6）施工现场情况、地勘水文资料、工程特点及常规施工方案；

7）其他相关资料。

（4）招标工程量清单编制的步骤

1）熟悉工程情况及图纸等；

2）进行工程量计算；

3）对分部分项工程量进行汇总，编制分部分项工程项目清单；

4）编制措施项目清单、其他项目清单及规费和税金项目清单等；

5）编写总说明。

14. 什么情况下编制招标控制价？由谁来编制？是否作为标底保密？编制的依据是什么？

答：（1）国有资金投资的建设工程招标，招标人必须编制招标控制价。

（2）招标控制价由具有编制能力的招标人或受其委托具有相应资质的工程造价咨询人来编制。

（3）招标控制价不是以前意义上的标底，不需要保密，同招标文件同时发布。

（4）招标控制价的编制与审核依据

1）《建设工程工程量清单计价规范》GB 50500—2013；

2）国家或省级、行业建设主管部门颁发的计价定额和计价办法；

3）建设工程设计文件及相关资料；

4）拟定的招标文件及招标工程量清单；

5）与建设项目相关的标准、规定、技术资料；

6）施工现场情况、工程特点及常规施工方案；

7）工程造价管理机构发布的工程造价信息，当工程造价信息没有发布时，参照市场价；

8）其他的相关资料。

招标控制价不应上浮或下浮。

15. 投标报价由谁来编制？编制的依据是什么？有哪些需要注意的规定？工程量清单计价项目招标控制价或投标报价编制步骤是什么？

答：（1）投标报价的编制人为投标人或是受其委托的具有相

应资质的工程造价咨询人。

（2）投标报价编制的依据

1）《建设工程工程量清单计价规范》GB 50500—2013；

2）国家或省级、行业建设主管部门颁发的计价办法；

3）企业定额，国家或省级、行业建设主管部门颁发的计价定额和计价办法；

4）招标文件、招标工程量清单及其补充通知、答疑纪要；

5）建设工程设计文件及相关资料；

6）施工现场情况、工程特点及投标时拟定的施工组织设计或施工方案；

7）与建设项目相关的标准、规范等技术资料；

8）市场价格信息或工程造价管理机构发布的工程造价信息；

9）其他的相关资料。

投标人必须按照招标工程量清单填报价格，项目编码、项目名称、项目特征、计量单位、工程量必须与招标工程量清单一致，不能擅自修改。

企业定额是施工企业根据自身的管理水平、施工技术等编制的适用本企业的消耗量标准，作为本企业投标报价和管理的依据。

（3）一般规定

1）编制投标报价时不得低于工程成本，且不能高于投标控制价；

2）措施项目中的安全文明施工费、规费和税金必须按国家或省级、行业建设主管部门的规定计算，不得作为竞争性费用；

3）施工企业在使用计价定额时除不可竞争费用外，其余仅作参考，由施工企业投标时自主报价。这正是决定为什么在相同的工程量清单下投标报价与招标控制价、其他企业报价不同的地方。

（4）招标控制价或投标报价编制步骤

工程量清单计价项目招标控制价与投标报价除编制依据有差别外，编制方法是完全相同的。具体步骤如下：

1）计算各清单项目综合单价，填写"分部分项工程和单价措施项目清单与计价表"，确定分部分项工程费；

2）对总价措施项目清单中各项目进行报价；

3）对其他项目清单中的计日工和总承包服务费进行报价；

4）对规费和税金项目进行报价；

5）进行各项费用汇总，编制说明。

16. 分部分项工程量清单如何编制？项目编码的含义及确定方法是什么？项目特征应如何描述？

答：（1）分部分项工程量清单的编制方法

分部分项工程量清单必须载明项目编码、项目名称、项目特征、计量单位和工程量五项内容。在编制过程中必须依据相关工程现行国家计量规范规定的项目编码、项目名称、项目特征、计量单位和工程量计算规则进行。安装工程依据《通用安装工程工程量计算规范》GB 50856—2013（以下称《工程量计算规范》）各附录中工程量清单项目设置进行编制，具体项目编码、项目名称、项目特征、计量单位可进行查询。

（2）项目编码的含义及确定方法

工程量清单的项目编码，采用十二位阿拉伯数字表示，一～九位应按《工程量计算规范》附录的规定设置，十～十二位应根据拟建工程的工程量清单项目名称和项目特征设置，同一招标工程的一份工程量清单中含有多个单位工程且工程量清单是以单位工程为编制对象时，在编制工程量清单时项目编码十～十二位的设置不得有重码。

十二位阿拉伯数字的含义：

一、二位为专业工程代码（03—通用安装工程）；

三、四位为附录分类顺序码（10—附录 K 给排水、采暖、燃气工程）；

五、六位为分部工程顺序码（01—给排水、采暖、燃气管道）；

七、八、九位为分项工程项目名称顺序码（007—复合管）；

十至十二位为清单项目名称顺序码（001—DN15 的铝塑复合管）。

给水排水案例工程中 DN15 的铝塑复合管属于塑料管，根据上述的项目编码设置规定，查询《工程量计算规范》工程量清单项目设置，我们能够编制出其工程量清单项目编码，即031001007001。

（3）项目特征描述方法

工程量清单项目特征应按《工程量计算规范》附录中规定的项目特征，结合拟建工程项目的实际予以描述。工程量清单的项目特征是确定每一清单项目综合单价的重要依据，在编制的工程量清单中必须对其项目特征进行准确和全面的描述。

为了达到规范、简洁、准确、全面的目的，在描述工程量清单项目特征时应按下列原则进行：

1）清单项目特征描述的内容，应按《工程量计算规范》附录中有关规定，结合拟建工程的实际，能够满足确定综合单价的需要。

2）若采用标准图集或施工图纸能够全部或部分满足项目特征描述的要求，项目特征描述可直接采用详见××图集或××图号的方式。对不能满足项目特征描述要求的部分，仍应用文字描述。

在附录 K 中规定，复合管的项目特征需要描述安装部位、介质、材质、规格、连接形式、压力试验及吹、洗设计要求、警示带形式等内容，因此案例中的 DN15 铝塑复合管的项目特征描述为"DN15，给水铝塑复合管，室内安装，卡套式连接"。

项目名称可以直接用计算规范清单项目设置表中的名称，也可结合工程实际具体确定。

17. 措施项目包括哪些内容？措施项目清单如何编制？

答：（1）措施项目包括的内容

通用安装工程措施项目在《工程量计算规范》附录 N 中有

具体规定，见表 2-4、表 2-5。

专业措施项目（编码：031301） 表 2-4

项目编码	项目名称	工作内容及包含范围
031301001	吊装加固	1. 行车梁加固 2. 桥式起重机加固及负荷试验 3. 整体吊装临时加固件，加固设施拆除、清理
031301010	安装与生产同时进行施工增加	1. 火灾防护 2. 噪声防护
031301013	设备、管道施工的安全、防冻和焊接保护	保证工程施工正常进行的防冻和焊接保护
031301017	脚手架搭拆	1. 场内、场外材料搬运 2. 搭、拆脚手架 3. 拆除脚手架后材料的堆放
031301018	其他措施	为保证工程施工正常进行所发生的费用

安全文明施工及其他措施项目（编码：031302） 表 2-5

项目编码	项目名称	工作内容及包含范围
031302001	安全文明施工	1. 环境保护：现场施工机械设备降噪声、防扰民措施；水泥和其他易飞扬细颗粒建筑材料密闭存放或采取覆盖措施等；工程防扬尘洒水；土石方、建渣外运车辆保护措施等；现场污染源的控制、生活垃圾清理外运、场地排水排污措施；其他环境保护措施 2. 文明施工："五牌一图"；现场围挡的墙面美化（包括内外粉刷、刷白、标语等），压顶装饰；现场厕所便槽刷白、贴面砖，水泥砂浆地面或地砖，建筑物内临时便溺设施；其他施工现场临时设施的装饰装修、美化措施；现场生活卫生设施；符合卫生要求的饮水设备、淋浴、消毒灯设施；生活用洁净燃料；防煤气中毒、防蚊虫叮咬等措施；施工现场操作场地的硬化；现场绿化、治安综合治理；现场配备医药保健器材、物品费用和急救人员培训；用于现场工人的防暑降温、电风扇、空调等设备及用电；其他文明施工措施

项目编码	项目名称	工作内容及包含范围
031302001	安全文明施工	3. 安全施工：安全资料、特殊作业专项方案的编制，安全施工标志的购置及安全宣传；"三宝"（安全帽、安全带、安全网）、"四口"（楼梯口、电梯井口、通道口、预留洞口）、"五临边"（阳台围边、楼板围边、屋面围边、槽坑围边、卸料平台两侧）、水平防护架、垂直防护架、外架封闭等防护措施；施工安全用电，包括配电箱三级配电、两级保护装置要求、外电防护措施；起重机、塔吊等起重设备（含井架、门架）及外用电梯的安全防护措施（含警示标志）及卸料平台的临边防护、层间安全门、防护棚等设施；建筑工地起重机械的检验检测；施工机具防护棚及其围栏的安全保护设施；施工安全防护通道；工人的安全防护用品、用具购置；消防设施与消防器材的配置；电气保护、安全照明设施；其他安全防护措施 4. 临时设施：施工现场采用彩色、定型钢板，砖、混凝土砌块等围挡的安砌、维修、拆除；施工现场临时建筑物、构筑物的搭设、维修、拆除，如临时宿舍、办公室、食堂、厨房、厕所、诊疗所、临时文化福利用房、临时仓库、加工场、搅拌台、临时简易水塔、水池等；施工现场临时设施的搭设、维修、拆除，如临时供水管道、临时供电管线、小型临时设施等；施工现场规定范围内临时简易道路铺设，临时排水沟、排水设施安砌、维修、拆除；其他临时设施的搭设、维修、拆除
031302002	夜间施工增加	1. 夜间固定照明灯具和临时可移动照明灯具的设置、拆除 2. 夜间施工时，施工现场交通标志、安全标牌、警示灯等的设置、移动、拆除 3. 夜间照明设备及照明用电、施工人员夜班补助、夜间施工劳动效率降低等
031302003	非夜间施工增加	为保证工程施工正常进行，在地下（暗）室、设备及大口径管道内等特殊施工部位施工时所采用的照明设备的安拆、维护及照明用电、通风等；在地下（暗）室等施工引起的人工工效降低以及由于人工工效降低引起的机械降效
031302004	二次搬运	由于施工场地条件限制而发生的材料、成品、半成品等一次运输不能到达堆放地点，必须进行二次或多次搬运

项目编码	项目名称	工作内容及包含范围
031302005	冬雨期施工增加	1. 冬雨（风）期施工时增加的临时设施（防寒保温、防雨、防风设施）的搭设、拆除 2. 冬雨（风）期施工时，对砌体、混凝土等采用的特殊加温、保温和养护措施 3. 冬雨（风）期施工时，施工现场的防滑处理、对影响施工的雨雪的清除 4. 冬雨（风）期施工时增加的临时设施、施工人员的劳动保护用品、冬雨（风）期施工劳动效率降低等
031302006	已完工程及设备保护	对已完工程及设备采取的覆盖、包裹、封闭、隔离等必要保护措施
031302007	高层施工增加	1. 高层施工引起的人工工效降低以及由于人工工效降低引起的机械降效 2. 通信联络设备的使用

注：1. 单层建筑物檐口高度超过 20m，多层建筑物超过 6 层时，按各附录分别列项。

2. 突出主体建筑物顶的电梯机房、楼梯出口间、水箱间、瞭望塔、排烟机房等不计入檐口高度。计算层数时，地下室不计入层数。

（2）措施项目清单编制的方法

通用安装工程措施项目都是不能计算工程量的项目。编制措施项目清单时，根据拟建工程实际情况列项，仅列出项目编码、项目名称，按《工程量计算规范》附录 N 措施项目规定的项目编码、项目名称确定。简单地说可以在《计价规范》中"总价措施项目清单与计价表"的基础上进一步完善即可。

18. 其他项目清单包括哪些内容？如何编制？

答：（1）其他项目清单包括的内容

其他项目清单具体包括下列内容：暂列金额、暂估价（包括材料暂估价单价、工程设备暂估单价、专业工程暂估价）、计日工、总承包服务费。

在计价规范提供的其他项目清单表格内已包含上述内容，我们只要借用即可。没有的内容，可根据工程的具体情况进行补充。

（2）其他项目清单编制的方法

1）确定暂列金额，填写暂列金额明细表 2-6。

暂列金额是招标人在工程量清单中暂定并包括在合同价款中的一笔款项。用于工程合同签订时尚未确定或者不可预见的所需材料、工程设备、服务的采购，施工中可能发生的工程变更、合同约定调整因素出现时的合同价款调整以及发生的索赔、现场签证确认等的费用。暂列金额应根据工程特点按有关计价规定，由造价工程师估算。

此表由招标人填写，如不能详列，也可只列暂定金额总额，投标人应将上述暂列金额总额计入投标总价中。

我们假定为 30 元，以作示例。

暂列金额明细表　　　　　　　　　　表 2-6

工程名称：某给水排水工程　　　　　标段：　　　　第 1 页　共 1 页

序号	项目名称	计量单位	暂定金额（元）	备注
1	工程量清单中工程量偏差和设计变更	项	20	
2	政策性调整和材料价格风险	项	9	
3	其他	项	1	
	合计		30	

2）确定暂估价，填写材料（工程设备）暂估单价及调整表 2-7和专业工程暂估价及结算价表 2-8。

暂估价是招标人在工程量清单中提供的用于支付必然发生但暂时不能确定价格的材料、工程设备的单价以及专业工程的金额。

材料（工程设备）暂估单价及调整表由招标人填写"暂估单价"，并在备注栏说明暂估价的材料、工程设备拟用在哪些清单项目上。材料包括原材料、燃料、构配件。该暂估单价应根据工程造价信息或参照市场价格估算，列出明细表。

假设坐式大便器是甲供材料设备，单价暂时按现时市场价格300元确定，据实调整。

材料（工程设备）暂估单价及调整表　　　　　　表2-7

工程名称：某给水排水工程　　　　　　　标段：　　　　　第1页　共1页

序号	材料（工程设备）名称、规格、型号	计量单位	数量		暂估（元）		确认（元）		差额±（元）		备注
			暂估	确认	单价	合价	单价	合价	单价	合价	
1	陶瓷连体水箱坐式大便器	套	1		300						坐式大便器安装 031004006001
	合计										

专业工程暂估价及结算价表由招标人填写，应分不同专业，按有关计价规定估算，列出明细表。

专业工程暂估价及结算价表　　　　　　表2-8

工程名称：某给水排水工程　　　　　　　标段：　　　　　第1页　共1页

序号	工程名称	工程内容	暂估金额（元）	结算金额（元）	差额±（元）	备注
	合计					

3）确定计日工，填写计日工表2-9。

计日工是在施工过程中，承包人完成发包人提出的工程合同范围以外的零星项目或工作，按合同中约定的综合单价计价。计日工的项目名称、计量单位、暂定数量由招标人填写。

工程名称：某给水排水工程　　　　　　　　　标段：　　　第1页 共1页

编号	项目名称	单位	暂定数量	实际数量	综合单价（元）	合价（元）	
						暂定	实际
一	人工						
1	电焊工	工日	0.1				
		人工小计					
二	材料						
1	无缝钢管 φ20	m	0.50				
		材料小计					
三	施工机械						
1							
		施工机械小计					
	四、企业管理费和利润						
	总计						

4）确定总承包服务费，填写总承包服务费计价表2-10。

总承包服务费是总承包人为配合协调发包人进行的专业工程发包，对发包人自行采购的材料、工程设备等进行保管以及施工现场管理、竣工资料汇总整理等服务所需的费用。招标人应预计该项费用，并按投标人的投标报价向投标人支付该项费用。

总承包服务费计价表由招标人填写项目名称、服务内容。

总承包服务费计价表中的发包人提供材料的项目价值是指发包人提供的所有材料的金额之和，从发包人提供材料和工程设备一览表中可以计算出来。

总承包服务费计价表　　　　　　表2-10

工程名称：某给水排水工程　　　　　　　　　标段：　　　第1页 共1页

序号	项目名称	项目价值（元）	服务内容	计算基础	费率（%）	金额（元）
1	发包人提供材料	300	收、发和保管服务			
2						
	合 计	—	—	—	—	—

34

5）汇总其他项目清单与计价汇总表

将上面各表中的数据汇总到其他项目清单与计价汇总表 2-11 中。

特别需要注意的是：材料（工程设备）暂估单价进入清单项目综合单价，此处不汇总。

其他项目清单与计价汇总表   表 2-11

工程名称：某给水排水工程   标段：   第 1 页 共 1 页

序号	项目名称	金额（元）	结算金额（元）	备注
1	暂列金额	30		明细详见表 3-6
2	暂估价			
2.1	材料（工程设备）暂估价/结算价	—		明细详见表 3-7
2.2	专业工程暂估价/结算价			明细详见表 3-8
3	计日工			明细详见表 3-9
4	总承包服务费			明细详见表 3-10
5	索赔与现场签证	—		
	合计	30		—

我们不难发现，在其他项目清单的 4 个表格中，暂列金额和暂估价两个表格需要招标人在编制其他项目清单时填入金额；而计日工和总承包服务费项目只需要填写进去项目内容即可，由投标方进行投标报价。

19. 规费和税金项目清单如何编制？

答：建筑安装工程规费和税金项目清单的编制是在《建设工程工程量清单计价规范》GB 50500—2013 的基础上参考项目所在地的省级政府或省级有关部门的规定及费用定额（费用标准）

列项即可。规费和税金项目主要内容见表2-12。

规费、税金项目计价表　　　　　表 2-12

工程名称：某给水排水工程　　　　　标段：　　　　　第1页　共1页

序号	项目名称	计算基础	计算基数	计算费率（%）	金额（元）
1	规费				
1.1	社会保险费				
(1)	养老保险费				
(2)	失业保险费				
(3)	医疗保险费				
(4)	工伤保险费				
(5)	生育保险费				
1.2	住房公积金	企业规费计取标准			
1.3	工程排污费	按工程所在地环境保护部门收取标准，按实计入			
2	税金	分部分项工程费＋措施项目费＋其他项目费＋规费－按规定不计税的工程设备金额			
合计					

20. 如何计算综合单价？

答：综合单价的计算过程分为两个部分：第一部分是组成单价，第二部分是计算材料费。以给水排水工程中"DN15 铝塑复合管安装"为例，介绍综合单价分析表的填写步骤。

组成单价即是套定额计算人工费、材料费、机械费、管理费和利润的过程，需要将组成清单项目的所有工作内容分别组价计算。查"给排水、采暖、燃气管道工程量清单项目设置"表可知，复合管安装项目的工程内容主要包括：（1）管道安装；（2）管件安装；（3）塑料卡固定；（4）压力试验；（5）吹扫、冲洗；（6）警示带敷设等。查询定额可知，管道安装、管件安装、塑料卡固定、压力试验等工作内容均在复合管安装定额子目（8-370）内，吹扫、冲洗工作内容在管道冲洗、消毒定额子目（8-602）内。

计算材料费。查询定额可知，复合管安装项目定额项目表中未计价材料为"室内给水铝塑复合管"、"室内给水铝塑复合管管件"两项内容。

综合单价可通过综合单价分析表 2-13 来进行确定。

综合单价分析表　　　　表 2-13

工程名称：　　　　　　　　标段：　　　　　　　　第　页　共　页

项目编码				项目名称			计量单位		工程量

清单综合单价组成明细

定额编号	定额项目名称	定额单位	数量	单价（元）				合价（元）			
				人工费	材料费	机械费	管理费和利润	人工费	材料费	机械费	管理费和利润
人工单价				小计							
元/工日				未计价材料费							
清单项目综合单价											

材料费明细	主要材料名称、规格、型号		单位	数量	单价（元）	合价（元）	暂估单价（元）	暂估合价（元）
	其他材料费				—		—	
	材料费小计				—		—	

注：1. 如不使用省级或行业建设主管部门发布的计价依据，可不填定额编号、名称等。

2. 招标文件提供了暂估单价的材料，按暂估的单价填入表内"暂估单价"栏及"暂估合价"栏。

从综合单价分析表中能够看出一个清单项目综合单价的各个构成要素的价格和主要的人工、材料、机械的消耗量。

编制综合单价分析表时对辅助材料不必一一列项，可归并到其他材料费中以金额表示。

（1）填写工程名称及页码

该内容的填写方法与工程量清单的编制相同。要注意的是工程名称要与招标文件中的"分部分项工程和单价措施项目清单与计价表"中内容相一致。

（2）填写项目编码、项目名称、计量单位和工程量

综合单价分析表中的项目编码、项目名称、计量单位、工程量一定要与招标文件中的"分部分项工程和单价措施项目清单与计价表"中内容相一致，不可改动。

（3）填写清单综合单价组成明细

编制招标控制价时清单综合单价组成明细应按工程量计算规范各附录的清单项目设置的"工作内容"确定。往往是每一工作内容即是一个定额子目的内容，具体是否是一个定额子目要看计价定额的实际情况，分别列项填写，不可遗漏。这也就是我们通常所说的一个清单项目包含若干个定额子目。通过工程量计算规范附录 K.1 可知，"铝塑复合管"的清单项目工作内容包含管道安装、管件安装、塑料管卡固定、压力试验、吹扫和冲洗、警示带敷设等内容。此处，我们使用辽宁省安装工程计价定额，"DN15 铝塑复合管"安装内容在定额中已经综合考虑了管道安装、管件安装、压力试验的内容，因此只填写管道安装、给水管道消毒冲洗两行内容即可。

我们以辽宁省建设工程计价依据《C 安装工程计价定额·C.8 给排水、采暖、燃气工程》为计价依据，查得第 130 页"室内铝塑复合管安装"项目，DN15 铝塑复合管（根据图纸塑料管外径与公称直径对照关系表可知 DN15 塑料管的外径为 20mm）的相关数据如表 2-14 所示。

<table>
<tr><td colspan="7" align="right">铝塑复合管　　　　　　　　表 2-14</td></tr>
</table>

铝塑复合管　　　　　　　　表 2-14

定额编号	项目名称	计量单位	安装费（元）			主材	
			人工费	材料费	机械使用费	单价（元/m）	定额含量
8-370	铝塑复合管内外径规格 1620	10m	39.60	7.07	0	12.60	10.20
	给水铝塑复合管管件	个				2.00	11.52

注：主材单价为当时当地的市场价格。

查得第 188 页"管道消毒、冲洗"项目，公称直径 50mm 以内的相关数据如表 2-15 所示。

管道消毒、冲洗　　　　　　表 2-15

定额编号	项目名称	计量单位	安装费（元）		
			人工费	材料费	机械使用费
8-602	管道消毒、冲洗公称直径 50mm 以内	100m	16.84	13.15	0

1）填写与定额相关的数据

将上述表内定额编号、项目名称（定额名称）、计量单位（定额单位）、人工费、材料费、机械使用费分别填入对应的位置，其中人工费、材料费和机械使用费只填入单价栏内。

2）计算单价栏内的管理费和利润

需要注意的是，在综合单价分析表中的管理费和利润要求合并在一起计算，因此，通过查询管理费和利润为人工费和机械费之和的 38.40%（16.80%＋21.60%），经计算得出铝塑复合管安装和管道消毒冲洗的管理费和利润分别为（39.60＋0）×38.40%＝15.21（元）和（16.84＋0）×38.40%＝6.47（元），填入表中。

3）表中"数量"的确定

此处的"数量"填写与清单计量单位所对应的定额工程量，即需要和定额的扩大单位进行换算。尤其要注意的是，如果一个清单项目由若干个定额子目构成，要计算出工程中该清单项目下其他子目的工程数量。

给水排水安装工程中定额工程量与清单工程量基本相同。

4）计算表中合价的人工费、材料费、机械费、管理费和利润

用各子目单价中的人工费、材料费、机械费、管理费和利润乘上对应的数量，即可得出对应合价中的人工费、材料费、机械费、管理费和利润。经汇总计算出来小计的数值。

到此为止，清单综合单价组成明细中相关内容已填写完毕。

（4）填写人工单价

本例中技工为 55 元/工日，普工为 40 元/工日。

（5）填写材料费明细

此部分内容填写未计价材料的相关内容，此处的未计价材料为"DN15 的铝塑复合管"和"给水铝塑复合管管件"，单位分别为"m"和"个"。

1）数量的计算。这里的数量是指未计价材料（主材）的实际需用量，即考虑了损耗因素。通过定额的材料表可知未计价材料的定额含量，这一定额含量即是未计价材料的实际需用量。表4-2、表4-3中，铝塑复合管的定额含量为 10.20m/10m，给水铝塑复合管管件的定额含量为 11.52 个/10m。因此，此处的数量分别为 0.825×10.20＝8.42（m）和 0.0825×11.52＝9.50（个）。

2）计算价格。

材料费单价应按投标截止日前 28 天的《辽宁工程造价信息》的材料价格或实际市场材料价格进行报价，并考虑材料价格风险因素，辽宁省规定的材料价格风险为 5%。因此，确定 DN15 的铝塑复合管和该给水铝塑复合管管件的单价分别为 12.60 元/m和 2.00 元/个。

用单价乘上数量进而计算出材料费合价。

其他材料费等于"清单综合单价组成明细"合价的材料费小计。

未计价材料费既是此处的材料费合价之和的数据，也等于材料费小计减去其他材料费的差值。

需要注意的是，如果招标文件中此种材料只提供了暂估单

价，按暂估的单价填入相应表格内，计入综合单价。

（6）确定清单项目综合单价

依据公式：

清单项目综合单价＝（清单综合单价组成明细中人工费、材料费、机械费、管理费和利润的小计之和＋未计价材料费）/该项目清单工程量

可计算出清单项目综合单价＝（34.06＋6.92＋0＋13.08＋125.04)/8.25＝21.71（元）。

将上述计算数据填入表2-16中。

工程量清单综合单价分析表

表 2-16

工程名称：某给水排水工程　　　　　标段：　　　　　第 1 页　共 1 页

项目编码	031001007001		项目名称	复合管	计量单位	m	工程量	8.25
清单综合单价组成明细								

定额编号	定额名称	定额单位	数量	单价（元）				合价（元）			
				人工费	材料费	机械费	管理费和利润	人工费	材料费	机械费	管理费和利润
8-370	室内给水铝塑复合管安装DN15（内外径规格1620）	10m	0.825	39.60	7.07	0.00	15.21	32.67	5.83	0.00	12.55
8-602	管道冲洗、消毒（公称直径50mm以内）	100m	0.0825	16.84	13.15	0.00	6.47	1.39	1.08	0.00	0.53
人工单价			小计					34.06	6.92	0.00	13.08
技工55元/工日普工40元/工日			未计价材料费					125.04			
清单项目综合单价								21.71			

	主要材料名称、规格、型号	单位	数量	单价(元)	合价(元)	暂估单价(元)	暂估合价(元)
材料费明细	室内给水铝塑复合管 DN15	m	8.42	12.60	106.03		
	室内给水铝塑复合管管件 DN15	个	9.50	2.00	19.01		
	其他材料费			—	6.92	—	
	材料费小计			—	131.95	—	

注：1. 如不使用省级或行业建设主管部门发布的计价依据，可不填定额项目、
编号等。

2. 招标文件提供了暂估单价的材料，按暂估的单价填入表内"暂估单价"
栏及"暂估合价"栏。

21. 人工费调整的相关规定与方法有哪些？

答：我们在套用定额时所采用的人工单价是定额编制之初的
单价，工程实际的人工单价要高于该单价，应该进行调差。下面
我们以"DN15 铝塑复合管安装"为例来具体讲述人工费调差
方法。

人工费调差仍然是基于人工费的计算公式：

人工费 ＝ Σ（工程工日消耗量 × 日工资单价）

通过该公式，我们可以看出工程工日消耗量是不能够调整
的，只能调整日工资单价。

（1）工程工日消耗量是指定额中的工日消耗量和工程量的乘
积，根据工程项目技术要求和工种差别可划分为普工和技工
工日。

举个例子：

我们查询辽宁省建设工程计价依据《C 安装工程计价定额·
C.8 给排水、采暖、燃气工程》，查得第 130 页"室内铝塑复合
管安装"项目 DN15 铝塑复合管和第 188 页"管道消毒、冲洗"
项目公称直径 50mm 以内的定额人工构成等相关数据如表 2-17
所示。

定额编号	项目名称	计量单位	定额工日消耗量			日工资单价	
			人工费	普工（工日）	技工（工日）	普工（元/工日）	技工（元/工日）
8-370	铝塑复合管内外径规格 1620	10m	39.60	0.323	0.485	40	55
8-602	管道消毒、冲洗公称直径 50mm 以内	100m	16.84	0.421	0		

经计算，8.25m 的 DN15 铝塑复合管工日消耗量分别为：

普工工日消耗量 $= (0.323 + 0.421) \times 0.825 = 0.614$(工日)

技工工日消耗量 $= 0.485 \times 0.825 = 0.400$(工日)

（2）日工资单价是指施工企业平均技术熟练程度的生产工人在每工作日（国家法定工作时间内）按规定从事施工作业应得的日工资总额。根据各省市实际情况，有两种确定办法。

1）数值调整法

该方法是由各省（市）级建设、财政主管部门通过文件形式发布"关于调整计价定额人工日工资单价的通知"，公布年度人工日工资单价的调整幅度，如调增 5 元/工日。

举例如下：

调增的人工费 $= (0.614 + 0.400) \times 5 = 5.07$(元)

总的人工费 $= (39.60 \times 0.825 + 16.84 \times 0.0825) + 5.07$

$= 39.13$(元)

2）指数调整法

该方法是由各省（市）工程造价管理机构通过工程造价信息网定期发布人工费指数，进行工程动态调整。后一种方法是未来工程造价人工费、材料费等调差的主要方法，更科学合理。

举例如下：

经查第四季度安装工程人工费指数为 15%，则：

调增的人工费 $= (39.60 \times 0.825 + 16.84 \times 0.0825) \times 15\%$

$= 5.11$(元)

通过上面的计算可知，我们没有必要对每一项目综合单价的计算都进行调整，只需要在整个工程的分部分项工程费都计算出来后，统计出工程工日消耗量后再进行调整即可。在工程造价软件中只需要在相应的选项中改动或输入相应数值即可完成整个工程的人工费调差，材料费和机械费同理调整。

22. 如何计算刷油、防腐蚀、绝热工程的工程量？

答：(1) 工程量计算规则

除锈、刷油工程执行《通用安装工程工程量计算规范》中"附录 M 刷油、防腐蚀、绝热工程"的工程量计算规则。

管道、设备、铸铁管、暖气片刷油以"m²"计量，按设计图示表面积尺寸以面积计算；或以"m"计量，按设计图示尺寸以长度计算。

管道、设备防腐蚀以"m²"计量，按设计图示表面积尺寸以面积计算；或以"m"计量，按设计图示尺寸以长度计算。

设备、管道绝热按图示表面积加绝热层厚度及调整系数计算，以"m³"为计量单位。防潮层、保护层以"m²"计量，按设计图示表面积加绝热层厚度及调整系数计算；或以"kg"计量，按图示金属结构质量计算。

金属结构刷油以"m²"计量，按设计图示表面积尺寸以面积计算；或以"kg"计量，按金属结构的理论质量计算。

一般钢结构防腐蚀按一般钢结构的理论质量计算，以"kg"为计量单位。

具体选用哪种计算规则以计价定额采用的计量单位为准。我们采用以"m²"计量的规则。

(2) 计算方法

1) 管道刷油（防腐蚀）工程量计算方法

管道表面积：

$$S = \pi \cdot D \cdot L$$

式中　π——圆周率；

D——直径；

L——设备筒体高度或管道延长米。

需要强调的是这里的直径应该用管道的外径计算。

2）管道绝热工程量计算方法

管道绝热工程量：

$$V = \pi \cdot (D + 1.033\delta) \cdot 1.033\delta \cdot L$$

式中 π——圆周率；

D——直径；

1.033——调整系数；

δ——绝热层厚度；

L——设备筒体高度或管道延长米。

需要强调的是这里的直径应该用管道的外径计算。

3）管道防潮和保护层工程量计算方法

管道防潮和保护层计算公式：

$$S = \pi \cdot (D + 2.1\delta + 0.0082) \cdot L$$

式中 2.1——调整系数；

0.0082——捆扎线直径或钢带厚度。

4）管道刷油、防腐蚀、绝热工程量的简便计算法

上述计算公式过于复杂，不太容易理解和计算。很多专家前辈已经总结出管道、散热器等除锈、刷油、绝热工程量计算表，在有些省份的定额附录中也有该内容，我们可直接采用该成果来计算这些工程量，这样简化了计算，增加了工作效率。

采用查表法利用管道刷油、绝热工程量表 2-18 的内容来直接计算管道除锈、刷油工程量。

10m 焊接钢管刷油、绝热工程量计算表 表 2-18

公称直径 （mm）	钢管表面积 （m²）	绝热层厚度（mm）	
		25	30
15	0.668	0.038 2.575	0.051 2.904
20	0.840	0.043 2.747	0.056 3.077

公称直径 (mm)	钢管表面积 (m²)	绝热层厚度 (mm)	
		25	30
25	1.052	0.048 2.959	0.063 3.289
32	1.327	0.055 3.234	0.071 3.564
40	1.508	0.060 3.415	0.077 3.745
50	1.885	0.070 3.792	0.089 4.122
70	2.312	0.082 4.279	0.103 4.608
80	2.780	0.092 4.687	0.116 5.017

注：表中上行数据为绝热层体积（m³/10m），下行数据为保护层表面积（m²/10m），适用于缠绕式和铁皮保护层。

以 27.46mDN50 焊接钢管为例，查表 2-18 可知表面积为 1.885/10×27.46＝5.18（m²）。

假设 27.46m 的 DN50 焊接钢管除锈后刷防锈漆两遍，然后采用矿棉进行保温，厚度 30mm，表面用玻璃丝布包裹。查表 2-18 可知，DN50 焊接钢管的绝热层工程量为 0.089/10×27.46＝0.24（m³），保护层表面积为 4.122/10×27.46＝11.32（m²）。

23. 除锈的标准如何划分？喷射除锈的标准如何划分？施工过程中发生二次除锈应如何计算？各种管件、阀门及设备上人孔管口凸凹部分的除锈如何考虑？

答：（1）手工、动力工具除锈分轻、中、重三种，区分标准为：

1）轻锈：部分氧化皮开始破裂脱落，红锈开始发生。

2）中锈：氧化皮部分破裂脱落，呈堆粉状，除锈后用肉眼能见到腐蚀小凹点。

3）重锈：氧化皮大部分脱落，呈片状锈层或凸起的锈斑，除锈后出现麻点或麻坑。

（2）喷射除锈标准

1）Sa3级：除净金属表面上的油脂、氧化皮、锈蚀产物等一切杂物，呈现均一的金属本色，并有一定的粗糙度。

2）Sa2.5级：完全除去金属表面的油脂、氧化皮、锈蚀产物等一切杂物，可见的阴影条纹、斑痕等残留物不得超过单位面积的5%。

3）Sa2级：除去金属表面上的油脂、锈皮、松疏氧化皮、浮锈等杂物，允许有附紧的氧化皮。

（3）因施工需要发生的二次除锈，其工程量应另行计算。

（4）各种管件、阀件及设备上人孔管口凸凹部分的除锈已综合考虑在定额内。

24. 刷油、绝热、防腐蚀工程使用预算定额时需要调整、换算及系数计算的内容有哪些？如何规定的？

答：（1）需要调整、换算的内容

1）涂料配合比与实际设计配合比不同时，可根据设计要求进行换算，其人工、机械消耗量不变。

2）定额内聚合热固化是按采用蒸汽及红外线间接聚合固化考虑的，如采用其他方法，应按施工方案另行计算。

3）如采用定额内未包括的新品种涂料，应按相近定额项目执行，其人工、机械消耗量不变。

4）玻璃钢聚合是按间接聚合法考虑的，如因需要采用其他方法聚合时，应按施工方案另行计算。

5）矩形管道绝热需要加防雨坡度时，其人工、材料、机械消耗量应另行计算。

6）复合成品材料安装应执行相同材质瓦块（或管壳）安装项目。复合材料分别安装时应按分层计算。

（2）需要系数计算的内容

1）喷射除锈按 Sa2.5 级标准确定。若变更级别标准，如按

Sa3 级则人工、材料、机械乘以系数 1.1，按 Sa2 级或 Sa1 级则人工、材料、机械乘以系数 0.9。

2）定额内不包括除微锈（标准：氧化皮完全紧附，仅有少量锈点），发生时其工程量应按轻锈定额的人工、材料、机械乘以系数 0.2。

3）带有超过总面积 15％衬里零件的贮槽、塔类设备，其人工乘以系数 1.4。

4）定额中塑料板衬里工程，搭接缝均按胶接考虑，若采用焊接时，其人工乘以 1.8，胶浆用量乘以系数 0.5，聚氯乙烯塑料焊条用量为 5.19kg/10m²。

5）设备衬铅不分直径大小，均按卧放在滚动器上施工，对已经安装好的设备进行挂衬铅板施工时，其人工乘以系数 1.39，材料、机械消耗量不得调整。

6）设备、型钢表面衬铅，铅板厚度按 3mm 考虑，若铅板厚度大于 3mm 时，其人工乘以系数 1.29，材料按实际进行计算。

7）镀锌铁皮保护层的规格按 1000×2000 和 900×1800，其厚度 0.8mm 以下综合考虑，若采用其他规格铁皮时，可按实际调整。厚度大于 0.8mm 时，其人工乘以系数 1.2；卧式设备保护层安装，其人工乘以系数 1.05。此项也适用于铝皮保护层，主材可以换算。

8）采用不锈钢薄钢板作保护层安装，执行定额金属保护层相关项目，其人工乘以系数 1.25，钻头消耗量乘以系数 2.0，机械乘以系数 1.15。

9）管道绝热均按现场安装后绝热施工考虑，若先绝热后安装时，其人工乘以系数 0.9。

10）卷材安装应执行相同材质的板材安装项目，其人工、铁线消耗量不变，但卷材用量损耗率按 3.1％考虑。

11）脚手架搭拆费：刷油工程，按人工费的 8％；防腐蚀工程，按人工费的 12％；绝热工程，按人工费的 20％。其中人工工资占 25%。

12）超高降效增加费，以设计标高±0.00 为准，当安装高度超过±6.00m 时，人工和机械分别乘以表 2-19 中相应系数。

超高降效增加费　　　　表 2-19

操作高度	20m以内	30m以内	40m以内	50m以内	60m以内	70m以内	80m以内	80m以上
系数	0.30	0.40	0.50	0.60	0.70	0.80	0.90	1.00

13）厂区外 1~10km 施工增加的费用，按超过部分的人工和机械乘以系数 1.10 计算。

14）安装与生产同时进行增加的费用，按人工费的 10% 计算。

15）在有害身体健康的环境中施工增加的费用，按人工费的 10% 计算。

第三章 电气设备安装工程计量与计价

1. 变压器的种类有哪些？变压器的型号表示方法是什么？

答：（1）变压器的种类

按相数可分为单相变压器和三相变压器；按绕组数量可分为双绕组变压器和三绕组变压器；按绝缘介质可分为油浸式变压器和干式变压器；按冷却方式可分为空气冷却变压器、油自然循环冷却变压器、强迫油循环冷却变压器、强迫油循环导向冷却变压器和水冷却变压器。电力变压器常用的是三相变压器。

1）油浸式变压器

所谓油浸式变压器是指把绕组和铁芯整个浸泡在油中，用油来作为散热介质。该变压器要放在专门的变压器室内，小型变压器可以直接放在地坪上，容量较大的变压器一般要放在基础轨梁上，架高 0.8～1m，并加固，以利于散热。

2）干式变压器

干式变压器是指把绕组和铁芯置于空气中，为了使铁芯和绕组结构更稳固，采用环氧树脂浇注。在有防火要求的场所要求采用干式变压器，造价较高。

（2）变压器的型号表示方法（见图 3-1）

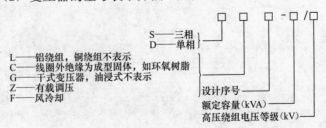

图 3-1　变压器的型号表示方法

50

我们举例说明，SG8—630/10 表示干式三相铜线绕组变压器，高压侧的额定电压为 10kV，额定容量为 630kVA。

2. 变压器安装工程量计算规则是什么？工程量所表达的含义是什么？怎么计算？

答：（1）计算规则

油浸电力变压器、干式变压器、整流变压器、自耦变压器、有载调压变压器、电炉变压器、消弧线圈安装均按设计图示数量计算，以"台"为计量单位。

（2）工程量所表达的含义

1 台油浸电力变压器所表达的含义不仅仅是 1 台油浸电力变压器本身，同时还包含：

1）本体安装（开箱检查、本体就位、器身检查、套管、油枕及散热器清洗、油柱试验、风扇油泵电机解体检查接线、附件安装、垫铁止轮器制作、安装、补充注油及安装后整体密封试验、接地、补漆、配合电气试验）；

2）基础型钢制作、安装；

3）油过滤（过滤前的准备及过滤后的清理、油过滤、取油样、配合试验）；

4）干燥（准备、干燥及维护、检查、记录整理、清扫、收尾及注油）；

5）接地；

6）网门、保护门制作、安装；

7）补刷（喷）油漆。

（3）计算方法

在系统图或平面图上采用点数法直接读出图例数量。

3. 如何编制变压器安装分部分项工程量清单？

答：假设计算出油浸电力变压器工程量为 1 台，图纸上标明型号为 S9—630/10，即油浸自冷式三相铜线绕组变压器，高压侧额定电压为 10kV，额定容量为 630kVA。编制分部分项工程量清单，如表 3-1 所示。

分部分项工程和单价措施项目清单与计价表　　表 3-1

工程名称：　　　　　　标段：　　　　　第　页　共　页

序号	项目编码	项目名称	项目特征描述	计量单位	工程数量	金额（元）			
						综合单价	合价	暂估价	人工费＋机械费
1	030401001001	油浸电力变压器	1. 名称：油浸自冷式三相铜线绕组变压器　2. 型号：S9－630/10　3. 容量：630 kV·A　4. 电压：10kV　5. 油过滤要求：无　6. 干燥要求：无　7. 基础型钢形式、规格：槽钢 10 号，$L=3500$mm，2 根	台	1				
本页小计									

4. 变压器安装包含的工作内容及对应的定额子目有哪些?

答：计算分部分项工程费的重点是套什么定额，变压器安装要套哪些定额项目主要参考变压器安装的工作内容包含哪些内容，有无合并项目等。定额套用子目如表 3-2 所示。

变压器安装定额套用　　　　　表 3-2

项目编码	项目名称	工程内容（定额项目名称）	套用定额子目
030401001	油浸电力变压器	1. 基础型钢制作、安装	2-356～2-357
030401003	整流变压器	2. 本体安装	2-1～2-7
030401004	自耦式变压器	3. 油过滤	2-30
030401005	有载调压变压器	4. 干燥	2-23～2-29

项目编码	项目名称	工程内容（定额项目名称）	套用定额子目
030401001 030401003 030401004 030401005	油浸电力变压器 整流变压器 自耦式变压器 有载调压变压器	5. 网门、保护门制作、安装	2-2-363
		6. 补刷（喷）油漆	2-364
030401002	干式变压器	1. 基础型钢制作、安装	2-356～2-357
		2. 本体安装	2-8～2-14
		3. 温控箱安装	2-362、2-324～2-325
		4. 网门、保护门制作、安装	2-2-363
		5. 补刷（喷）油漆	2-364
030401006	电炉变压器	1. 基础型钢制作、安装	2-356～2-357
		2. 本体安装	2-1～2-7
		3. 网门、保护门制作、安装	2-2-363
		4. 补刷（喷）油漆	2-364
030401007	消弧线圈	1. 基础型钢制作、安装	2-356～2－357
		2. 本体安装	2-15～2-22
		3. 油过滤	2-30
		4. 干燥	2-23～2－29
		5. 补刷（喷）油漆	2-364

油浸电力变压器安装按照电压等级和容量来划分定额子目，定额中包含了接地的工作内容，主材费用单独计算。

对于新出厂的油浸电力变压器而言不需要进行油过滤和干燥，因此不需要单独套用定额，除非经检验不合格，已经受潮，才需要进行该项工作内容。

5. 怎么计算变压器安装分部分项工程费？

答：（1）定额计价法（见表3-3）

（2）清单计价法

1）计算综合单价（见表3-4）

2）计算分部分项工程费（见表3-5）

表 3-3

第 1 页　共 5 页

分部分项工程费计算表

工程名称：

序号	定额编号	子目名称	工程量		单位价值（元）						总价值（元）		
			单位	数量	主材/设备单价	基价	其中			材料/设备费	合计	其中	
							人工费	材料费	机械费			人工费	机械费
1	2-3	油浸电力变压器安装 10kV/容量（1000kVA以下）	台	1	54290	1140.89	474.72	231.02	435.15	54290	55430.89	474.72	435.15
2	2-356	基础槽钢安装	10m	0.7		103.3	48.48	33.54	21.28		72.32	33.94	14.90

表 3-4

第　页　共　页

综合单价分析表

工程名称：　　　　　　　　　　标段：

项目编码	030401001001	项目名称	油浸电力变压器	计量单位	台	工程量	1

清单综合单价组成明细

定额编号	定额项目名称	定额单位	数量	单价（元）				合价（元）			
				人工费	材料费	机械费	管理费利润	人工费	材料费	机械费	管理费利润
2-3	油浸电力变压器安装 10kV/容量（1000kVA以下）	台	1	474.72	231.02	435.15	349.39	474.72	231.02	435.15	349.39
2-356	基础槽钢安装	10m	0.7	48.48	33.54	21.28	26.79	33.94	23.48	14.90	18.75

定额编号	定额项目名称	定额单位	数量	单价（元）				合价（元）			
				人工费	材料费	机械费	管理费和利润	人工费	材料费	机械费	管理费和利润
	人工单价							508.66	254.50	450.05	368.14
	元/工日			小计							
				未计价材料费							
	清单项目综合单价								55871.34		

材料费明细	主要材料名称、规格、型号	单位	数量	单价（元）	合价（元）	暂估单价（元）	暂估合价（元）
	油浸电力变压器 S9－630/10	台	1	54290	54290		
	其他材料费			—		—	
	材料费小计			—	54290	—	54290

注：1. 如不使用省级或行业建设主管部门发布的计价依据，可不填定额编号、名称等。

2. 招标文件提供了暂估单价的材料，按暂估的单价填入表内"暂估单价"栏及"暂估合价"栏。

分部分项工程和单价措施项目清单与计价表

工程名称：　　　　　　　　标段：　　　　　　　　　　　　　　第　页　共　页

表 3-5

序号	项目编码	项目名称	项目特征描述	计量单位	工程数量	金额（元）		其中
						综合单价	合价	暂估价 人工费＋机械费
1	030401001001	油浸电力变压器	1. 名称：油浸自冷式三相铜绕组变压器 2. 型号：S9－630/10	台	1	55871.34	55871.34	958.71

55

序号	项目编码	项目名称	项目特征描述	计量单位	工程数量	综合单价	金额（元）			其中
							合价	暂估价		人工费＋机械费
1	030401001001	油浸电力变压器	3. 容量：630kV·A 4. 电压：10kV 5. 油过滤要求：无 6. 干燥要求：无 7. 基础型钢形式、规格：槽钢10号，L＝3500mm，2根	台	1	55871.34	55871.34			958.71
			本页小计							

6. 变压器安装套用预算定额时应注意哪些问题？

答：（1）自耦变压器、有载调压变压器安装套用油浸电力变压器安装定额项目。

（2）电炉变压器安装套用同容量电力变压器定额，乘以系数 2.0。

（3）整流变压器安装套用同容量电力变压器定额，乘以系数 1.6。

（4）变压器安装子目内均包含变压器器身检查内容，其中 4000kV·A 以下是按吊芯检查考虑的，4000kV·A 以上是按吊钟罩考虑的。如果 4000kV·A 以上的变压器需吊芯检查时，定额机械需乘以系数 2.0。

（5）干式变压器如带有保护外罩时，人工和机械乘以系数 1.2。

（6）变压器铁梯、网门、母线铁构件的制作、安装执行第二册定额第四章"控制设备及低压电器"中的铁构件制作、安装项目。

（7）补刷（喷）油漆，即二次喷漆：若发生执行第二册定额中第四章"控制设备及低压电器"的铁构件制作、安装及箱、盒制作项目中的二次喷漆子目，按"m^2"计算。

7. 变压器干燥套用预算定额时应注意哪些问题？

答：变压器干燥以"台"为计量单位。

（1）整流变压器、消弧线圈、并联电抗器的干燥，按同容量变压器干燥定额执行，电炉变压器按同容量变压器干燥定额乘以系数 2.0 计算。

（2）若发生变压器干燥棚的搭拆工作时，可按实计算。

8. 变压器油过滤套用预算定额时应注意哪些问题？

答：（1）变压器油是按设备带来考虑的，但施工中变压器油的过滤损耗及操作损耗已包括在有关定额中。

（2）变压器安装过程中放注油、油过滤所使用的油罐，已摊入油过滤定额中。

（3）变压器油过滤不论过滤多少次，直到过滤合格为止，以"t"为计量单位，其具体计算方法如下：

1）变压器安装项目未包括绝缘油的过滤，需要过滤时，可按制造厂提供的油量计算。

2）油断路器及其他充油设备的绝缘油过滤，可按制造厂规定的充油量计算。

计算公式：油过滤数量(t)＝设备油重(t)×(1＋损耗率)

9. 什么是配电装置安装？配电装置安装工程量计算规则是什么？工程量所表达的含义是什么？

答：（1）所谓配电装置安装是指断路器、隔离开关、负荷开关、互感器、高压熔断器、避雷器、干式电抗器、油浸电抗器、电容器、并联补偿电容器组架、交流滤波装置组架、高压成套配电柜、组合型成套箱式变电站等配电装置的安装。

（2）工程量计算规则

按设计图示数量计算，断路器、互感器、油浸电抗器、并联补偿电容器组架、交流滤波装置组架、高压成套配电柜、组合型成套箱式变电站以"台"为计量单位；隔离开关、负荷开关、高压熔断器、避雷器、干式电抗器以"组"为计量单位；电容器以"个"为计量单位。

（3）工程量所表达的含义

1个单位的配电装置安装的工程量除表示本体安装、调试外，还包含：

1）基础型钢制作、安装；

2）油过滤；

3）补刷（喷）油漆；

4）接地；

5）干燥等。

10. 配电装置安装套用哪些定额子目？有哪些相关规定？

答：（1）定额套用子目

定额套用子目如表 3-6 所示。

配电装置安装定额套用　　　　　　表 3-6

项目编码	项目名称	工程内容（定额项目名称）	套用定额子目
030402001	油断路器	1. 基础型钢制作、安装	2-356～2-357
		2. 本体安装	2-31～2-34
		3. 油过滤	2-30
		4. 补刷（喷）油漆	2-364
030402002 030402003 030402004 030402005	真空断路器 SF₆ 断路器 空气断路器 真空接触器	1. 基础型钢制作、安装	2-356～2-358
		2. 本体安装	2-35～2-36
		3. 补刷（喷）油漆	2-364
030402006 030402007	隔离开关 负荷开关	1. 基础型钢制作、安装	2-356～2-358
		2. 本体安装	2-45～2-52
		3. 补刷（喷）油漆	2-364
030402008	互感器	1. 安装	2-53～2-57
		2. 干燥	2-69～2-72
030402009 030402010	高压断路器 避雷器	本体安装	2-58 2-59～2-60
030402011	干式电抗器	1. 本体安装	2-61～2-64
		2. 干燥	2-69～2-72
030402012	油浸电抗器	1. 安装	2-65～2-68
		2. 油过滤	2-30
		3. 干燥	2-73～2-76
030402013 030402014	移相及串联电容器 集合式并联电容器	安装	2-77～2-80 2-81～2-83
030402015 030402016	并联补偿电容器组架 交流滤波装置组架	安装	2-84～2-88 2-89～2-91
030402017	高压成套配电柜	1. 基础型钢制作、安装	2-356～2-358
		2. 柜体安装	2-92～2-98
		3. 补刷（喷）油漆	2-364
030402018	组合型成套 箱式变电站	1. 基础浇筑	2-356～2-357
		2. 箱体安装	2-99～2-106
		3. 进箱母线安装	2-127～2-136
		4. 补刷（喷）油漆	2-364

（2）定额套用的相关规定

1）设备本体所需的绝缘油、六氟化硫气体、液压油等均按设备带有考虑。

2）配电装置安装定额不包括下列工作内容，应另执行相应项目：

① 端子箱安装；

② 设备支架制作及安装；

③ 绝缘油过滤；

④ 基础型钢安装。

3）设备安装所需的地脚螺栓按土建预埋考虑，不包括二次灌浆。

4）互感器安装定额系按单相考虑的，不包括抽芯及绝缘油过滤，特殊情况另作处理。

5）电抗器安装项目系按三相叠放、三相平放和二叠一平的安装方式综合考虑的，不论何种安装方式，均不作换算，一律执行本定额。干式电抗器安装项目适用于混凝土电抗器、铁芯干式电抗器和空心电抗器等干式电抗器的安装。

6）高压成套配电柜安装定额系综合考虑的，不分容量大小，也不包括母线配制及设备干燥。

7）低压无功补偿电容器屏（柜）安装执行第二册第四章"控制设备及低压电器"相应内容。

8）每套滤波装置包括三台组架安装，不包括设备本身及铜母线的安装，其工程量应按相应定额另行计算。

9）高压设备安装定额内均不包括绝缘台的安装，其工程量应按施工图设计执行相应定额。

11. 什么是组合型成套箱式变电站？

答：组合型成套箱式变电站主要是指 10kV 以下的箱式变电站，一般布置形式为变压器在箱的中间，箱的一端为高压开关位置，另一端为低压开关位置。组合型低压成套配电装置其外形像一个大型集装箱，内装 6～24 台低压配电箱（屏），箱的两端开门，中间为通道，称为集装箱式低压配电室。

12. 母线有哪几种类型？如何计算母线安装工程量？

答：母线有软母线、组合软母线、带形母线、槽型母线、共箱母线、低压封闭式插接母线槽、重型母线等几种形式。

（1）软母线、组合软母线、带形母线、槽型母线按设计图示尺寸以单相长度计算（含预留长度），以"m"为计量单位。

（2）共箱母线、低压封闭式插接母线槽按设计图示尺寸以中心线长度计算，以"m"为计量单位。

（3）重型母线按设计图示尺寸以质量计算，以"t"为计量单位。

（4）始端箱、分线箱按设计图示数量计算，以"台"为计量单位。

软母线安装预留长度按表 3-7 计算。

软母线安装预留长度 （单位：m/根） 表 3-7

项目	耐张	跳线	引下线、设备连接线
预留长度	2.5	0.8	0.6

硬母线配置安装预留长度见表 3-8。

硬母线配置安装预留长度 （单位：m/根） 表 3-8

序号	项目	预留长度	说明
1	带形、槽型母线终端	0.3	从最后一个支持点算起
2	带形、槽型母线与分支线连接	0.5	分支线预留
3	带形母线与设备连接	0.5	从设备端子接口算起
4	多片重型母线与设备连接	1.0	从设备端子接口算起
5	槽型母线与设备连接	0.5	从设备端子接口算起

13. 母线安装套用哪些定额子目？有哪些相关规定？

答：（1）定额套用子目

母线安装定额套用子目见表 3-9。

项目编码	项目名称	工程内容（定额项目名称）		套用定额子目
030403001	软母线	1. 绝缘子耐压试验及安装	绝缘子安装	2-107～2-113
			绝缘子耐压试验	2-967～2-970
		2. 软母线安装		2-115～2-117
		3. 跳线安装		2-118～2-120
030403002	组合软母线	1. 绝缘子耐压试验及安装	绝缘子安装	2-107～2-113
			绝缘子耐压试验	2-967～2-968
		2. 母线安装		2-121～2-126
		3. 跳线安装		2-118～2-120
030403003	带形母线	1. 支持绝缘子、穿墙套管的耐压试验、安装	支持绝缘子、穿墙套管安装	2-108～2-113、2-114
			支持绝缘子、穿墙套管的耐压试验	2-969～2-971
		2. 穿通板制作、安装		2-352～2-355
		3. 母线安装	带形铜母线	2-127～2-136
			带形铝母线	2-137～2-146
			车间带形母线	2-1354～2-1367
		4. 引下线安装		2-147～2-166
		5. 伸缩节安装		2-167～2-171、2-173～2-177
		6. 过渡板安装		2-172
		7. 刷分相漆		
030403004	槽型母线	1. 母线制作、安装		2-178～2-181
		2. 与发电机、变压器连接		2-182～2-189
		3. 与断路器、隔离开关连接		2-190～2-197
		4. 刷分相漆		
030403005 030403006	共箱母线 低压封闭式 插接母线槽	1. 母线安装		2-198～2-205 2-206～2-210
		2. 补刷（喷）油漆		2-364
030403007	重型母线	1. 母线制作、安装		2-215～2-221
		2. 伸缩器及导板制作、安装		2-222～2-229
		3. 支持绝缘子安装		2-108～2-113、2-114
		4. 补刷（喷）油漆		2-364

（2）定额的相关规定

1）软母线、组合软母线

① 软母线安装，指直接由耐张绝缘子串悬挂部分，设计跨距不同时，不得调整。定额内不包括母线、金具、绝缘子等主材，具体可按设计数量加损耗计算。

② 软母线安装定额是按单串绝缘子考虑的，如设计为双串绝缘子，其定额的人工乘以系数 1.08。

③ 软母线的引下线、跳线、设备连线均按导线截面分别执行。不区分引下线、跳线和设备连线。

④ 软母线引下线，指由 T 型线夹或并沟线夹从软母线引向设备的连接线；软母线经终端耐张线夹引下（不经 T 型线夹或并沟线夹引下）与设备连接的部分均执行引下线项目，不得换算。

⑤ 两跨软母线的跳引线安装，以"组"为计量单位，每三相为一组，不论两端的耐张线夹是螺栓式或压接式，均执行软母线跳线定额，不得换算。

⑥ 组合软母线安装，按三相为一组计算。跨距（包括水平悬挂部分和两端引下部分之和）系按 45m 以内考虑，跨度的长与短不得调整。组合软导线安装项目不包括两端铁构件制作、安装和支持瓷瓶、带形母线的安装，导线、绝缘子、线夹、金具按施工图设计用量加定额规定的损耗率计算。

⑦ 设备连接线安装，指两设备间的连接部分。不论引下线、跳线、设备连接线，均应分别按导线截面、三相为一组计算工程量。

2）带形母线

① 带形母线安装及带形母线引下线安装包括铜排、铝排，带形母线安装定额内不包括母线、金具、绝缘子等主材，具体可按设计数量加损耗计算。

② 带形钢母线安装，按同规格的铜母线定额执行，不得换算。

③ 母线伸缩接头及铜过渡板安装均按成品考虑的，基价只包括安装费，以"个"为计量单位。

3）槽型母线

① 槽型母线的安装定额内不包括母线、金具、绝缘子等主材，具体可按设计数量加损耗计算。

② 槽型母线与设备连接，分别以连接不同的设备以"台"为计量单位。

4）共箱母线和低压封闭式插接母线槽

高压共箱母线和低压封闭式插接母线槽均按制造厂供应的成品考虑的，定额内只包含现场安装。封闭式插接母线槽在竖井内安装时，人工和机械乘以系数2.0。

5）重型母线

① 重型母线安装包括铜母线、铝母线，分别按截面大小确定定额子目。

② 重型母线伸缩器及导板制作、安装以"个"和"束"为单位计量。

14. 什么是控制设备及低压电器？控制开关包括哪些内容？什么是小电器？端子、端子板、端子箱的概念各是什么？箱、屏、柜的区别有哪些？

答：（1）控制设备及低压电器包括的内容

控制设备及低压电器包括控制屏，继电、信号屏，模拟屏，低压开关柜（屏），弱电控制返回屏，箱式配电室，硅整流柜，可控硅柜，低压电容器柜，自动调节励磁屏，励磁灭磁屏，蓄电池屏（柜），直流馈电屏，事故照明切换屏，控制台，控制箱，配电箱，插座箱，控制开关，低压熔断器，限位开关，控制器，接触器，磁力启动器，Y-△自耦减压启动器，电磁铁（电磁制动器），快速自动开关，电阻器，油浸频敏变阻器，分流器，小电器，端子箱，风扇，照明开关，插座、其他电器等。

（2）控制开关包括的内容

控制开关包括自动空气开关、刀型开关、铁壳开关、胶盖刀闸开关、组合控制开关、万能转换开关、风机盘管三速开关、漏电保护开关等。

（3）小电器包括的内容

小电器是指按钮、电笛、电铃、水位电气信号装置、测量表计、继电器、电磁锁、屏上辅助设备、辅助电压互感器、小型安全变压器等。

（4）端子、端子板、端子箱的概念

端子是指用来连接导线的断头金属导体，用来将导线更好地与其他部件连接。接线端子分为铜接线端子和铝接线端子，可以采用焊接和压接两种方式进行连接。芯线的端子即端部的接头，俗称铜接头、铝接头，也有称接线鼻子的；设备、器具的端子指设备、器具的接线柱、接线螺丝或其他形式的接线处，即俗称的接线桩头；而标示线路符号套在电线端部做标记用的零件称端子头；有些设备内、外部接线的接口零件称端子板。中间的接头俗称中间接头。

端子板是安装接线端子的面板。

端子箱是用来保护接线端子的箱子。

（5）箱、屏、柜的区别

柜：尺寸较大，四面封闭，一般用于高压侧；

屏：尺寸小于柜，正面安装设备、背面是敞开的，一般用于低压及直流控制保护；

箱：尺寸比柜更小，四面封闭。

15. 什么是配电箱？配电箱有几种类型？配电箱常用的型号表示方法是什么？

答：配电箱就是铁制或木制的箱子内安装电器元件，并用电线按接线图相互连接。配电箱要分成很多级，有单元入户处的总配电箱（也有称电源箱），各楼层的分配电箱及各室（户）的最后一级配电箱等，从而接出各用电设备。总配电箱是用来控制和分配电源使用，进户后设置的配电箱；分配电箱是用来控制分支电源的配电箱。往往在总配电箱后安装有电表箱，用来进行电能的计量。箱内应分别设置零线（N）和保护地线（PE）汇流排，零线和保护地线应分别经汇流排配出。

配电箱按用途分为动力配电箱和照明配电箱；按制造方式分为定型箱和非定型箱两种，即成套配电箱和非成套配电箱。定型配电箱由专业工厂制造；非定型配电箱由施工企业现场组装，在编制预算时应计算其制作费，要进行配电箱的制作、安装、盘柜配线等相关工作，做起来比较复杂。目前工程上广泛采用的是成套配电箱，我们在识图及进行工程造价计量时只要识读出数量即可。

按照配电箱安装方式的不同，将配电箱安装分为落地式安装和悬挂嵌入式安装两种。落地式安装通常安装在基础槽钢或角钢基础上。悬挂嵌入式安装也就是在墙体内暗装，与其相连的导管沿墙体纵向敷设进入箱内。

配电箱常用型号如下所示：

XM（L）HX（R）−04−□×□/□N

各符号表述如下（按先后顺序）：

X——配电箱；

M——照明；

L——动力；

H——横箱体，无标志者为竖箱体；

X——悬挂；

R——嵌装；

04——设计序号；

□×□——进线相数（1—单相，三相不表示）和输出回路数；

□——总开关代号：0—不带总开关，1—带总开关，无标志者三相输出带总开关；

N——配电箱不带箱盖，小门；无标志者为带箱盖。

16. 诸如配电箱等控制设备和低压电器安装的工程量计算规则是什么？其工程量所表达的含义是什么？怎么计算？

答：（1）计算规则

配电箱等控制设备及低压电器安装，按设计图示数量计算。配电箱、控制箱、插座箱、低压开关柜、端子箱等的计量单位为"台"，控制开关、照明开关、插座等的计量单位为"个"，分别按照名称、型号和规格进行划分。

（2）工程量所表达的含义

1台配电箱工程量除表示1台配电箱本身及其安装（开箱、检查、安装、查校线等）外，还包含：

1）基础型钢制作、安装；

2）焊、压接线端子；

3）补刷（喷）油漆；

4）接地等内容。

1个照明开关、插座的工程量表明了1个照明开关、插座本身及其安装和接线内容。

（3）计算方法

按照图示设计数量计算的工程量采用点数法统计图纸上的同名称、同规格型号的数量即可。关键就是分好类，进行同类归并。

17. 如何编制配电箱等控制设备和低压电器安装分部分项工程量清单？

答：[案例]假设通过读图，共有1台500(h)mm×400mm×200mm的成套配电箱ZM，悬挂嵌入式墙内暗装，进线为1根四芯截面为50mm² 的交联聚乙烯绝缘钢带铠装聚氯乙烯护套铜芯电力电缆埋地敷设引入，出线为4根截面为70mm² 和1根截面为35mm² 的铜芯聚氯乙烯绝缘导线。则编制分部分项工程量清单如表3-10所示。

分部分项工程和单价措施项目清单与计价表　　表 3-10

工程名称：某住宅楼电气安装工程　　　　标段：　　　　　第　页　共　页

序号	项目编码	项目名称	项目特征描述	计量单位	工程数量	金额（元）			
						综合单价	合价	其中	
								暂估价	人工费+机械费
1	030404017001	配电箱安装	成套配电箱 ZM 500(h)mm× 400mm×200mm 悬挂嵌入式	台	1				

 18. 配电箱等控制设备和低压电器安装包含的工作内容及对应的定额子目有哪些？

答：定额套用子目如表 3-11 所示。

控制设备及低压电器安装定额套用子目　　表 3-11

项目编码	项目名称	工程内容		套用定额子目
030404001 030404002 030404003 030404005 030404009 030404010 030404011 030404012 030404013 030404014	控制屏 继电、信号屏 模拟屏 弱电控制返回屏 低压电容器柜 自动调节励磁屏 励磁灭磁屏 蓄电池屏（柜） 直流馈电屏 事故照明切换屏	1. 基础型钢制作、安装		2-356
		2. 本体安装		2-236～2-239 2-241、 2-251～2-256
		3. 端子板安装及端子板外部接线		2-326～2-330
		4. 焊、压接线端子	焊铜接线端子	2-331～2-336
			压铜接线端子	2-337～2-344
			压铝接线端子	2-345～2-351
		5. 盘柜配线		2-317～2-323
		6. 小母线安装		2-311
		7. 屏边安装		2-257
		8. 补刷（喷）油漆		2-364
030404004	低压开关柜	1. 基础型钢制作、安装		2-356
		2. 本体安装		2-240
		3. 端子板安装及端子板外部接线		2-326～2-330
		4. 焊、压接线端子	焊铜接线端子	2-331～2-336
			压铜接线端子	2-337～2-344
			压铝接线端子	2-345～2-351
		5. 盘柜配线		2-317～2-323

项目编码	项目名称	工程内容		套用定额子目
030404004	低压开关柜	6. 屏边安装		2-257
		7. 补刷（喷）油漆		2-364
030404006 030404007 030404008	箱式配电室 硅整流柜 可控硅柜	1. 基础槽钢制作、安装		2-356
		2. 本体安装		2-242～2-250
		3. 补刷（喷）油漆		2-364
030404015	控制台	1. 基础槽钢制作、安装		2-356
		2. 本体安装		2-258～2-260
		3. 端子板安装及端子板外部接线		2-326～2-330
		4. 焊、压接线端子	焊铜接线端子	2-331～2-336
			压铜接线端子	2-337～2-344
			压铝接线端子	2-345～2-351
		5. 盘柜配线		2-317～2-323
		6. 小母线安装		2-311
		7. 补刷（喷）油漆		2-364
030404016 030404017	控制箱 配电箱	1. 基础槽钢制作、安装		2-356
		2. 箱体安装		2-261～2-266
		3. 焊、压接线端子	焊铜接线端子	2-331～2-336
			压铜接线端子	2-337～2-344
			压铝接线端子	2-345～2-351
		4. 补刷（喷）油漆		2-364
030404019 030404020 030404021 030404022 030404023 030404024 030404025 030404026 030404027 030404028 030404029 030404030	控制开关 低压熔断器 限位开关 控制器 接触器 磁力启动器 Y-△自耦减压 启动器 电磁铁 （电磁制动器） 快速自动开关 电阻器 油浸频敏变阻器 分流器	1. 本体安装		2-267～2-298 2-313～2-316
		2. 焊、压接线端子	焊铜接线端子	2-331～2-336
			压铜接线端子	2-337～2-344
			压铝接线端子	2-345～2-351

项目编码	项目名称	工程内容		套用定额子目
030404031	小电器	1. 本体安装	按钮、电笛、电铃	2-299~2-303
			水位电气信号装置	2-304~2-306
			测量表计	2-307
			继电器	2-308
			电磁锁	2-309
			屏上辅助设备	2-310
			辅助电压互感器	2-312
			小型安全变压器	2-1691~2-1693
		2. 焊、压接线端子	焊铜接线端子	2-331~2-336
			压铜接线端子	2-337~2-344
			压铝接线端子	2-345~2-351
030404018 030404032 030404034 030404035 030404036	插座箱 端子箱 照明开关 插座 其他电器	端子箱安装		2-324~2-325
		开关及按钮安装		2-1635~2-1648、2-1651
		插座安装		2-1652~2-1690

 19. 怎么计算配电箱等控制设备和低压电器安装分部分项工程费?

答:案例中的配电箱为成套配电箱安装,悬挂嵌入式,因此,没有基础型钢制作、安装的内容;进出配电箱的导线截面积大于 $16mm^2$,需要单独套用焊、压接线端子定额。

(1)定额计价法(见表3-12)

(2)清单计价法

1)计算综合单价(见表3-13)

表 3-12

第 页 共 页

分部分项工程费计算表

工程名称：某住宅楼电气安装工程

序号	定额编号	子目名称	工程量		主材/设备		单价（元）						总价（元）			
			单位	数量	单价	损耗	基价	人工费	其中材料费	机械费	主材/设备费	合价	人工费	其中机械费
1	2-264	成套配电箱安装悬挂嵌入式半周长1m，ZM	台	1	850	1	110.03	69.83	40.20		850.00	110.03	69.83	0.00
2	2-337	压铜接线端子导线截面35mm²以内	10个	0.6			66.32	24.06	42.26		0.00	39.79	14.44	0.00
3	2-338	压铜接线端子导线截面70mm²以内	10个	1.6			126.80	48.07	78.73		0.00	202.88	76.91	0.00

工程量清单综合单价分析表　　　　表 3-13

项目编码	030204018003	项目名称	成套配电箱安装	计量单位	台	工程量	1

清单综合单价组成明细

定额编号	定额项目名称	定额单位	数量	单价（元）				合价（元）			
				人工费	材料费	机械费	管理费和利润	人工费	材料费	机械费	管理费和利润
2-264	成套配电箱安装悬挂嵌入式半周长1m	台	1	69.83	40.20		26.81	69.83	40.20	0	26.81
2-337	压铜接线端子	10个	0.1	24.06	42.26		9.24	2.41	4.23	0	0.92
2-338	压铜接线端子	10个	0.4	48.07	78.73		18.46	19.23	31.49	0	7.38
人工单价		小计						91.46	75.92	0	35.12
元/工日		未计价材料费					850				
清单项目综合单价							1052.50				

材料费明细	主要材料名称、规格、型号	单位	数量	单价（元）	合价（元）	暂估单价（元）	暂估合价（元）
	成套配电箱 ZM500(h)mm×400mm×200mm	台	1	850	850		
	其他材料费			—		—	
	材料费小计			—	850	—	0

注：1. 如不使用省级或行业建设主管部门发布的计价依据，可不填定额项目、
　　　编号等。

　　2. 招标文件提供了暂估单价的材料，按暂估的单价填入表内"暂估单价"
　　　栏及"暂估合价"栏。

2) 计算分部分项工程费（见表 3-14）

分部分项工程和单价措施项目清单与计价表　　表 3-14

工程名称：某住宅楼电气安装工程　　　　　　标段：　　　　　　第　页　共　页

序号	项目编码	项目名称	项目特征描述	计量单位	工程数量	金额（元）		
						综合单价	合价	其中
								暂估价	人工费＋机械费
1	030404017001	配电箱安装	成套配电箱 ZM 500mm（h）×400mm×200mm 悬挂嵌入式	台	1	1052.50	1052.50		91.46

20. 控制设备及低压电器安装定额套用有哪些相关规定及注意事项？

答：（1）盘、柜配线分不同规格，按照接线图计算，以"m"为计量单位。只适用于盘上小设备元件的少量现场配线，工厂定型的屏、柜、箱已经完成了设备元件的接线，不需单独计算。

（2）小母线安装以"m"为计量单位计算。

（3）屏边安装以"台"为计量单位计算。

（4）屏上辅助设备安装，包括标签框、光字牌、信号灯、附加电阻、连接片等，但不包括屏上开孔工作。

（5）设备的补充油按设备考虑。

21. 在什么情况下选择套用焊（压）接线端子定额子目？

答：焊（压）接线端子项目只适用于导线，电缆终端头制作安装项目中已包括焊（压）接线端子，不得重复计算。焊（压）接线端子只在 16mm² 以上导线时才需要单独计算工程量并套用定额子目，小于 16mm² 导线的接线端子已包含在定额内。当导线截面积超过 6mm² 时，绝大多数为多芯导线，为了方便连接，通常采用焊（压）接线端子，接线端子有铜接线端子和铝接线端子之分。

22. 电机检查接线及调试项目主要适用于哪些电机项目？什么是可控硅调速直流电动机类型？什么是交流变频调速电动机类型？大、中、小型电动机如何划分？

答：（1）适用范围

"电机"是指发电机和电动机的统称，如小型电机检查接线项目，适用于同功率的小型发电机和小型电动机的检查接线，两项目中的电机功率系指电机的额定功率。

电机检查接线及调试主要适用于发电机、调相机、普通小型直流电动机、可控硅调速直流电动机、普通交流同步电动机、低压交流异步电动机、高压交流异步电动机、交流变频调速电动机、微型电机、电加热器、电动机组、备用励磁机组、励磁电阻器等。

（2）可控硅调速直流电动机类型与交流变频调速电动机类型

可控硅调速直流电动机类型是指一般可控硅调速直流电动机、全数字式控制可控硅调速直流电动机。

交流变频调速电动机类型指交流同步变频电动机、交流异步变频电动机。

（3）大、中、小型电动机如何划分界限

电动机按其质量划分为大、中、小型：

1）单台电机质量在 3t 以下的为小型电机；

2）单台电机质量在 3t 以上、30t 以下的为中型电机；

3）单台电机质量在 30t 以上的为大型电机。

23. 电机检查接线及调试的工程量计算规则是什么？分别包含哪些工作内容？电机检查接线及调试套用哪些定额子目？

答：按设计图示数量计算，以"台"或"组"为计量单位。一个单位的工程量主要包含检查接线、接地、干燥、调试等工作内容。

电动机检查接线及调试执行第二册定额第六章"电机"和第十一章"电气调整试验"相关项目内容；与机械同底座的电机和装在机械设备上的电机安装执行第一册《机械设备安装工程》的电机安装项目；独立安装的电机执行第二册的电机安装项目。小型电机按电机类别和功率大小执行相应定额，大、中型电机不分类别一律按电机质量执行相应定额。电机检查接线及调试套用的定额子目见表3-15。

电机检查接线及调试定额套用子目　　　　　　表 3-15

项目编码	项目名称	工程内容		套用定额子目
030406001 030406002	发电机 调相机	1. 检查接线(包括接地)		2-427～2-431
		2. 干燥		
		3. 调试		2-838～2-842
030406003	普通小型直流电动机	1. 检查接线（包括接地）	小型直流电机	2-433～2-437
			小型防爆电机	2-448～2-452
			小型立式电机	2-453～2-456
			电磁调速电机	2-467～2-471
		2. 干燥		2-472～2-476
		3. 调试		2-900～2-904
030406004	可控硅调速直流电动机	1. 检查接线（包括接地）	小型直流电机	2-433～2-437
			小型防爆电机	2-448～2-452
			小型立式电机	2-453～2-456
			电磁调速电机	2-467～2-471
		2. 干燥	大中型电机	2-457～2-461
			小型电机	2-472～2-476
		3. 调试	大中型电机	2-477～2-481
			一般	2-905～2-912
			全数字式控制	2-913～2-920
030406005 030406006 030406007	普通交流同步电动机 低压交流异步电动机 高压交流异步电动机	1. 检查接线（包括接地）	小型交流同步电机	2-443～2-447
			小型防爆电机	2-448～2-452
			小型立式电机	2-453～2-456
			电磁调速电机	2-467～2-471
			大中型电机	2-457～2-461
		2. 干燥	小型电机	2-472～2-476
			大中型电机	2-477～2-481
		3. 调试		2-921～2-944

项目编码	项目名称	工程内容		套用定额子目
030406008	交流变频调速电动机	1. 检查接线（包括接地）	小型交流异步电机	2-441～2-442
			大中型电机	2-457～2-461
		2. 干燥	小型电机	2-472～2-476
			大中型电机	2-477～2-481
		3. 调试	交流同步电动机变频调速	2-945～2-952
			交流异步电动机变频调速	2-953～2-958
030406009	微型电机、电加热器	1. 检查接线（包括接地）		2-462
		2. 干燥		2-472
		3. 调试		2-959～2-960
030406010	电动机组	1. 检查接线（包括接地）	小型直流电机	2-433～2-437
			小型交流同步电机	2-443～2-447
			小型交流异步电机	2-438～2-442
			小型防爆电机	2-448～2-452
			小型立式电机	2-453～2-456
			电磁调速电机	2-467～2-471
		2. 干燥		2-472～2-476
		3. 调试		2-961～2-965
030406011	备用励磁机组	1. 检查接线（包括接地）		
		2. 干燥	小型电机	2-472～2-476
			大中型电机	2-477～2-481
		3. 系统调试		2-966
030406012	励磁电阻器	1. 本体安装		
		2. 检查接线		2-432
		3. 干燥		

24. 如何选择电机检查接线定额子目？

答：(1) 直流发电机组和多台一串的机组，可按单台电机分别执行相应定额。

(2) 金属软管：电气安装规范要求每台电机接线均需要配金属软管。

1) 设计有规定的，按设计规格和数量计算，设计要求用包塑金属软管、阻燃金属软管或采用铝合金软管接头等，均按设计计算；

2) 设计没有规定的，平均每台电机配相应规格的金属软管1.25m 和与之配套的金属软管专用活接头。

(3) 各类电机的检查接线项目均不包括控制装置的安装和接线。

(4) 定额中电机的接地线材质按照镀锌扁钢（25×4）编制的，如采用铜接地线时，主材（导线和接头）应更换，但安装人工和机械不变。电机的电源线为导线时，应执行定额第四章焊（压）接线端子项目。

(5) 电机解体检查项目，应根据需要选用。如不需要解体时，可只执行电机检查接线项目。

25. 如何选择电机干燥定额子目？

答：(1) 发电机和调相机电机检查接线定额内已经包含了电机干燥的工作内容，不需要单独计算。

(2) 其他电机检查接线定额内均未包括电机干燥工作内容，发生时其工程量另行计算，电机干燥以"台"为计量单位。

1) 电机干燥项目系按一次干燥所需的工、料、机消耗量考虑的，在特别潮湿的地方，电机需要进行多次干燥，应按实际干燥次数计算。

2) 在气候干燥、电机绝缘性能良好、符合技术标准而不需要干燥时，则不计算干燥费用。

3）实际包干的工程，可参照以下比例，由有关各方协商而定。

低压小型电机 3kW 以下按 25％的比例考虑干燥；低压小型电机 3～220kW 按 30％～50％考虑干燥；大中型电机按 100％考虑一次干燥。

26. 如何选择电机调试定额子目？微型电机如何分类？怎么选择定额？

答：（1）普通电动机的调试，分别按照电机的控制方式、功率、电压等级，以"台"为计量单位。

（2）可控硅调速直流电动机调试以"系统"为计量单位，其调试内容包括可控硅整流装置系统和直流电动机控制回路系统两个部分的调试。

（3）交流变频调速电动机调试以"系统"为计量单位，其调试内容包括变频装置系统和交流电动机控制回路系统两个部分的调试。

（4）微型电机指功率在 0.75kW 以下的电机，其他小型电机凡功率在 0.75kW 以下的一律执行微型电机综合调试定额，以"台"为计量单位。但一般民用小型交流电风扇安装另执行风扇安装项目。

微型电机分为三类：

1）驱动微型电机：指微型异步电动机、微型同步电动机、微型交流换向器电动机、微型直流电动机等。

2）控制微型电机：指自整角机、旋转变压器、交直流测速发电机、交直流伺服电动机、步进电动机、力矩电动机等。

3）电源微型电机：指微型电动发电机组合单枢变流机等。

27. 电缆敷设的方法有几种？

答：电缆的敷设方法很多，其中常用的有直接埋地敷设、电缆沟敷设、电缆穿导管敷设和电缆桥架敷设等。

电缆直埋敷设：就是将电缆直接埋设在挖好的电缆沟内，要求使用铠装电缆并且有防腐保护层。埋设深度一般大于0.7m，设计有规定者按设计规定深度埋设，具体见当地施工规范及标准图集要求。经过农田的电缆埋设深度不应小于1m。

电缆沟敷设：电缆在室内外电缆沟内敷设可分为无支架敷设和有支架敷设两种情况。

电缆穿导管敷设：是指整条电缆穿钢管敷设。先将管子敷设好（明设或暗设），再将电缆穿入管内，每一根管内只允许穿一根电缆，要求管道的内径等于电缆外径的1.5～2倍，管子的两端应做喇叭口。单芯电缆不允许穿入钢管内。敷设电缆管时应有0.1%的排水坡度。

电缆桥架敷设：电缆桥架由立柱、托臂、托盘、隔板和盖板等组成，电缆一般敷设在托盘内。电缆桥架悬吊式立柱安装，是由土建专业预埋铁件，安装时用膨胀螺栓将立柱固定在预埋铁件上，然后将托臂固定于立柱上，托盘固定在托臂上，电缆放在托盘内。

28. 什么是电缆终端头和中间头？如何选择电缆头？电力电缆头定额按哪种情况考虑的，如何调整？

答：由于电缆的绝缘层结构复杂，为了保证电缆连接后的整体绝缘性能及机械强度，在电缆敷设时要制作电缆头。在电缆首末端使用的称为终端头，在电缆中间连接时使用的称为中间头。电缆头外壳与电缆金属护套及铠装层均应良好接地。

电缆终端头及中间头均以"个"为计量单位，电力电缆和控制电缆均按一根电缆有两个终端头考虑。中间电缆头设计有图示的，按设计确定；设计没有规定的，按实际情况计算（或按平均250m一个中间头考虑）。具体选用哪种类型电缆头，要看电缆种类、电压等级等，现在一般都是塑料绝缘电缆，电缆热缩式电缆头很适用，价格便宜。

电力电缆头定额均按铝芯电缆考虑的，铜芯电力电缆头按同截面电缆头定额乘以系数1.2，双屏蔽电缆头制作、安装人工乘以系数1.05。本书案例中的电缆头在套用定额时乘以系数1.2。

29. 如何计算电缆安装的工程量？电缆预留长度规定及电缆敷设长度计算的注意事项有哪些？

答：（1）计算规则

1）电力电缆、控制电缆按设计图示尺寸以长度计算，含预留长度及附加长度，以"m"为计量单位；

2）电缆保护管、电缆槽盒、敷砂、盖保护板（砖）按设计图示尺寸以长度计算，以"m"为计量单位；

3）电力电缆头、控制电缆头按设计图示数量计算，以"个"为计量单位；

4）防火堵洞按设计图示数量计算，以"处"为计量单位，每处指0.25m² 以内；

5）防火隔板按设计图示尺寸以面积计算，以"m²"为计量单位；

6）防火涂料按设计图示尺寸以质量计算，以"kg"为计量单位；

7）电缆分支箱按设计图示数量计算，以"台"为计量单位；

8）电缆井、电缆排管、顶管，应按现行国家标准《市政工程工程量计算规范》GB 50857—2013 相关项目编码列项计算；

9）电缆穿刺线夹按电缆头编码列项计算。

（2）预留长度规定及长度计算注意事项

电缆敷设按单根以延长米计算，一个沟内（或架上）敷设3根各长100m的电缆，应按300m计算，以此类推。

电缆敷设长度应根据敷设路径的水平和垂直敷设长度确定，按表3-16增加预留及附加长度。

序号	项目	预留（附加）长度（m）	说明
1	电缆敷设弛度、波形弯度、交叉	2.5%	按电缆全长计算
2	电缆进入建筑物	2.0	规范规定最小值
3	电缆进入沟内或吊架时引上（下）预留	1.5	规范规定最小值
4	变电所进线、出线	1.5	规范规定最小值
5	电力电缆终端头	1.5	检修余量最小值
6	电缆中间接头盒	两端各留 2.0	检修余量最小值
7	电缆进控制、保护屏及模拟盘、配电箱等	高+宽	按盘面尺寸
8	高压开关柜及低压配电盘、箱	2.0	盘下进出线
9	电缆至电动机	0.5	从电动机接线盒算起
10	厂用变压器	3.0	从地坪算起
11	电缆绕过梁柱等增加长度	按实计算	按被绕物的断面情况计算增加长度
12	电梯电缆与电缆架固定点	每处 0.5	规范规定最小值

电缆进入配电箱预留长度是此次计算规范新写入的内容，近些年来进入建筑物配电箱内电缆的数量不断增多，随着建筑物体量的增大，配电箱前电缆往往是从配电室内配出，该部分由施工单位施工，因此有必要考虑该部分预留长度。

根据表 3-16 可知，电缆进入配电箱预留长度同导线预留长度要求相同，都是按照盘面尺寸预留"高+宽"。

30. 如何编制电缆安装分部分项工程量清单？

答：[案例] 假定住宅楼工程电源由小区内土建变电所直接埋地敷设引来，铺砂、盖保护板，采用 1 根 $ZRYJV_{22}-4\times50$ 即四芯截面积为 $50mm^2$ 的阻燃型交联聚乙烯绝缘钢带铠装聚氯乙烯护套电力电缆，室外水平距离 50m。电缆从建筑物的北侧埋地引入一层总开关箱（ZM，500mm×400mm×200mm），电缆穿墙处穿公称直径 50mm 的镀锌钢管保护，住宅楼内水平长度

2.5m，垂直长度 2.45m。变电所内配电柜到外墙水平长度 4.37m，其中 1.37m 穿公称直径 50mm 的镀锌钢管保护。试计算出该电缆敷设工程的工程量。

（1）工程量计算

1）电力电缆工程量：[4.37(变电所内)＋50(变电所至住宅楼距离)＋2.5(住宅楼内水平)＋2.45(住宅楼内垂直)]×(1＋2.5％)＋2.0 (进建筑物)＋1.5(变电所进线、出线)＋1.5(终端头)×2＋(0.5＋0.4) (进配电箱)＋2.0(低压配电柜盘下出线)＝70.20(m)。

2）电缆保护管（$DN50$）：2.5＋2.45＋1.37＝6.32（m）。

3）铺砂、盖保护板：50m。

4）电力电缆头：2个。

（2）工程量清单编制

编制上例中电缆安装工程的分部分项工程量清单，具体如表 3-17 所示。

分部分项工程和单价措施项目清单与计价表　　表 3-17

工程名称：某住宅楼电气安装工程　　　　　标段：　　　　　第 页 共 页

序号	项目编码	项目名称	项目特征描述	计量单位	工程数量	综合单价	合价	暂估价	人工费＋机械费
						金额（元）		其中	
1	030408001001	电力电缆	1. 名称：电力电缆 2. 型号：ZRYJV$_{22}$ 3. 规格：4×50mm^2 4. 材质：阻燃型聚氯乙烯 5. 敷设方式、部位：室外直埋 6. 电压等级：0.4kV 7. 地形：平坦	m	70.20				

82

序号	项目编码	项目名称	项目特征描述	计量单位	工程数量	金额（元）			
						综合单价	合价	其中	
								暂估价	人工费＋机械费
2	030408003001	电缆保护管	1. 名称：电缆保护管 2. 材质：镀锌钢管 3. 规格：DN50 4. 敷设方式：墙内暗敷设	m	6.32				
3	030408005001	铺砂、盖保护板（砖）	1. 种类：砂、混凝土保护板 2. 规格：规范要求	m	50.00				
4	030408006001	电力电缆头	1. 名称：热缩式电缆终端头 2. 材质：铜 3. 规格：50mm^2 4. 安装部位：户内 5. 电压等级：0.4kV	个	2				

31. 电缆安装包含的工作内容及对应的定额子目有哪些？

答：电缆安装包含的工作内容及对应的定额子目如表 3-18 所示。

电缆安装定额子目　　　　表 3-18

项目编码	项目名称	工程内容		可参考定额子目
030408001	电力电缆	1. 电缆敷设	铝芯电力电缆	2-610～2-617
			铜芯电力电缆	2-618～2-625
		2. 揭（盖）盖板		2-533～2-535
030408002	控制电缆	1. 电缆敷设		2-672～2-679
		2. 揭（盖）盖板		2-533～2-535

项目编码	项目名称	工程内容		可参考定额子目
030408003	电缆保护管	保护管敷设		2-536～2-541
030408004	电缆槽盒	槽盒安装		2-605
030408005	铺砂、盖保护板（砖）	1. 铺砂、盖砖		2-529～2-530
		2. 铺砂、盖保护板		2-531～2-532
030408006	电力电缆头	电缆头制作、安装	户内干包式电力电缆头	2-626～2-631
			户内浇注式电力电缆终端头	2-632～2-639
			户内热缩式电力电缆终端头	2-640～2-647
			户外电力电缆终端头	2-648～2-655
			浇注式电力电缆中间头	2-656～2-663
			热缩式电力电缆中间头	2-664～2-671
030408007	控制电缆头	电缆头制作、安装	控制电缆终端头	2-680～2-684
			控制电缆中间头	2-685～2-687
030408008	防火堵洞	防火堵洞		2-599～2-602
030408009	防火隔板	电缆防火隔板		2-603
030408010	防火涂料	电缆防火涂料		2-604
030408011	电缆分支箱	电缆分支箱安装		
		基础制作、安装		

32. 电缆敷设定额考虑了哪些内容？需要乘以系数的相关规定有哪些？

答：（1）电缆敷设定额考虑的内容

1）电缆敷设定额适用于 10kV 以下的电力电缆和控制电缆敷设。系按平原地区和厂内电缆工程的施工条件编制的，未考虑在积水区、水底、井下等特殊条件下的电缆敷设，厂外电缆敷设工程按第二册第十章 10kV 以下架空配电线路内容另计工地运输。

2）电缆敷设定额系综合定额，已将裸包电缆、铠装电缆、屏蔽电缆等因素考虑在内，因此凡 10kV 以下的电力电缆和控制电缆均不分结构和型号，一律按相应的电缆截面和芯数执行定额。

（2）需要进行系数计算的内容

1）电缆在一般山地、丘陵地区敷设时，其定额人工乘以系数 1.3。该地段所需的施工材料如固定桩、夹具等按实计算。

2）电力电缆敷设系数规定：电力电缆敷设定额均按三芯（包括三芯连地）考虑的，五芯电力电缆敷设按同截面电缆定额乘以系数 1.3，六芯电力电缆乘以系数 1.6，每增加一芯定额增加 30%，以此类推，未计价材料数量不予调整。单芯电力电缆敷设按同截面电缆定额乘以 0.67。截面 400～800mm² 的单芯电力电缆敷设按 400mm² 电力电缆定额执行；截面 800～1000mm² 的单芯电力电缆敷设按 400mm² 电力电缆定额乘以系数 1.25 执行。240mm² 以上的电缆头的接线端子为异型端子，需要单独加工，应按实际加工价计算（或调整定额价格）。

33. 四芯电力电缆敷设套定额时要乘以系数吗？为什么？ YJV-10001(4×35＋1×16)mm² 属于四芯还是五芯电力电缆？怎么套用定额？定额中是否包含了主材费？

答：（1）四芯电力电缆敷设套用定额时不需要乘以系数，因为电力电缆敷设定额均按三芯（包括三芯连地）考虑的，所谓三芯连地是指三芯电缆考虑了地线，也就是四芯电缆。

（2）YJV-10001(4×35＋1×16)mm² 属于五芯电力电缆，套用定额时应该乘以系数 1.3。

（3）电缆主材费的相关规定

电缆敷设定额及相应配套的定额中均未包括主材（又称装置性材料），另按设计和工程量计算规则加上定额规定的损耗率计算主材费用。主材单价到项目所在地工程造价信息网上查询或通过市场询价。

34. 铺砂、盖保护板与揭（盖）盖板的区别是什么？如何确定铺砂还是盖保护板？

答：铺砂、盖保护板是针对直埋式电缆沟工程的，在电缆沟开挖完毕后，要在沟底铺 100mm 厚的细砂或软土。挖电缆沟时，如遇垃圾等腐蚀性杂物，须清除并换土。沟底须铲平夯实，电缆周围土层须均匀密实。敷好电缆后，在电缆上再铺 100mm 厚的细砂或软土，然后盖砖或盖保护板，设计无规定时，按盖砖计算，定额以2根电缆为基础，每增加1根电缆计算一次铺砂盖砖或盖保护板。

揭（盖）盖板是针对电缆沟工程的，按每揭或每盖一次以延长米计算，如又揭又盖，则按两次计算。

本书案例中的电缆敷设就没有揭（盖）盖板，而是铺砂、盖保护板。

35. 电缆防火堵洞、防火隔板、防火涂料应用在哪些地方？

答：（1）防火堵洞

电缆防火堵洞指电缆桥架穿墙或穿楼板时所采取的保护措施。防火堵洞按设计图示数量计算，以"处"为计量单位，每处指 $0.25m^2$ 以内；电缆防火堵洞在施工图设计要求进行防火堵洞的情况下记取，套用电气安装工程中的防火堵洞相应定额子目，电缆堵洞防火泥是主材，需要计算主材费。

（2）防火隔板

防火隔板用在竖井内的电缆桥架处，其作用是隔离层间竖井以免发生火灾时大火通过竖井沿楼层串上去。防火隔板按设计图示尺寸以面积计算，以"m^2"为计量单位。

（3）防火涂料

防火涂料是指防火隔板安装完毕后在隔板上涂刷的起到防火作用的涂料。防火涂料按设计图示尺寸以质量计算，以"kg"为计量单位。

36. 电缆保护管长度确定中的注意事项有哪些？如何套用定额？

答：（1）电缆保护管长度，除按设计规定长度计算外，遇有下列情况，应按以下规定增加保护管长度：

1）横穿道路，按路基宽度两端各增加 2m。

2）垂直敷设时，管口距地面增加 2m。

3）穿过建筑物外墙时，按基础外缘以外增加 1m。

4）穿过排水沟时，按沟壁外缘以外增加 1m。

（2）电缆保护管套用定额的规定

直径 Φ100 以下的电缆保护管敷设执行第二册第十二章"配管、配线"有关定额。本书案例中电缆保护管套用第二册第十二章"配管、配线"中的"2-1033 钢管敷设砖、混凝土结构暗配公称口径（50mm 以内）"定额。

37. 怎么计算电缆安装分部分项工程费？

答：（1）定额计价法（见表 3-19）

其中，电缆头制作、安装是铜芯电缆终端头，在套用定额时应乘以系数 1.2，因此，套用定额时的数量为 $2 \times 1.2 = 2.4$（个）。

（2）清单计价法

1）计算综合单价（见表 3-20）

其中，电缆头制作、安装是铜芯电缆终端头，在套用定额时应乘以系数 1.2，因此，套用定额时的数量为 $2 \times 1.2 = 2.4$（个）。

2）计算分部分项工程费（见表 3-21）

38. 防雷及接地装置由哪几部分组成？

答：建筑物的防雷及接地装置通常由接闪器、引下线和接地装置三部分组成。工作原理是通过接闪器将雷电引向大地，从而保护建筑物免受雷击。

（1）接闪器

1）避雷针

采用直径不小于 20mm、长为 1～2m 的圆钢，或采用直径不小于 25mm 的镀锌金属管制成。

2）避雷带和避雷网

避雷带就是将小截面圆钢或扁钢装于建筑物易遭雷击的部位，如屋脊、屋檐、屋角、女儿墙和山墙等。避雷网相当于纵横交错的避雷带叠加在一起，形成多个网孔。避雷带和避雷网可以采用圆钢或扁钢，圆钢直径不应小于 8mm；扁钢截面积不应

表 3-19

第 页 共 页

分部分项工程费计算表

工程名称：电缆安装工程

序号	定额编号	子目名称	工程量		主材/设备		单价（元）				主材/设备费	合价	总价（元）	
			单位	数量	单价	损耗	基价	人工费	其中				其中	
									材料费	机械费			人工费	机械费
1	2-619	铜芯电力电缆敷设电缆（截面 mm² 以下）120	100 m	0.702	129.89	1	693.47	380.10	269.93	43.44	9118.28	486.82	266.83	30.49
2	2-1013	钢管敷设砖、混凝土结构暗配公称口径(50mm以内)	100 m	0.0632	20.90	103	667.38	477.00	151.32	39.06	136.05	42.18	30.15	2.47
3	2-531	电缆沟铺砂盖保护板 1～2 根	100 m	0.5			708.73	187.50	521.23	0.00	0.00	354.37	93.75	0.00
4	2-641	户内热缩式电力电缆终端头制作、安装 1kV 以下终端头（截面 mm² 以下）120	个	2.4	90	1.02	146.06	45.00	101.06	0.	220.32	350.54	108.00	0.00
		小计									9474.65	1233.90	498.73	32.96

工程名称：某电缆安装工程　　　标段：　　　　　　　第　页　共　页

项目编码	030408001001	项目名称	电力电缆	计量单位	m	工程量	70.2

清单综合单价组成明细

定额编号	定额名称	定额单位	数量	单价（元）				合价（元）			
				人工费	材料费	机械费	管理费和利润	人工费	材料费	机械费	管理费和利润
2-619	铜芯电力电缆敷设电缆（截面 mm² 以下）120	100m	0.702	380.10	269.93	43.44	162.64	266.83	189.49	30.49	114.17
							0.00	0.00	0.00	0.00	0.00
人工单价		小计						266.83	189.49	30.49	114.17
技工 55 元/工日		未计价材料费						9118.28			
普工 40 元/工日											
清单项目综合单价								138.45			

	主要材料名称、规格、型号	单位	数量	单价（元）	合价（元）	暂估单价（元）	暂估合价（元）
材料费明细	铜芯电力电缆 ZRYJV22-4×50mm²	m	70.200	129.89	9118.28		
					0.00		
	其他材料费			—		—	
	材料费小计			—	9118.28	—	

89

项目编码	030408003001	项目名称	电缆保护管	计量单位	m	工程量	6.32

清单综合单价组成明细

定额编号	定额名称	定额单位	数量	单价（元）				合价（元）			
				人工费	材料费	机械费	管理费和利润	人工费	材料费	机械费	管理费和利润
2-1013	钢管敷设砖、混凝土结构暗配公称口径（mm以内）50	100m	0.0632	477.00	151.32	39.06	198.17	30.15	9.56	2.47	12.52
								0.00	0.00	0.00	0.00	0.00
人工单价		小计						30.15	9.56	2.47	12.52
技工55元/工日 普工40元/工日		未计价材料费						136.05			
	清单项目综合单价							30.18			

材料费明细	主要材料名称、规格、型号	单位	数量	单价（元）	合价（元）	暂估单价（元）	暂估合价（元）
	DN50镀锌钢管	m	6.510	20.90	136.05		
					0.00		
	其他材料费			—		—	
	材料费小计			—	136.05	—	

项目编码	030408005001	项目名称	铺砂、盖保、护板	计量单位	m	工程量	50

清单综合单价组成明细

定额编号	定额名称	定额单位	数量	单价（元）				合价（元）			
				人工费	材料费	机械费	管理费和利润	人工费	材料费	机械费	管理费和利润
2-531	电缆沟铺砂盖保护板1～2根	100m	0.5	187.50	521.23	0.00	72.00	93.75	260.62	0.00	36.00
								0.00	0.00	0.00	0.00	0.00
人工单价		小计						93.75	260.62	0.00	36.00
技工 55 元/工日 普工 40 元/工日		未计价材料费						0.00			
	清单项目综合单价							7.81			

材料费明细	主要材料名称、规格、型号	单位	数量	单价（元）	合价（元）	暂估单价（元）	暂估合价（元）
					0.00		
					0.00		
	其他材料费			—		—	
	材料费小计			—	0.00	—	

项目编码	030408006001			项目名称	电力电缆头	计量单位	个	工程量	2

清单综合单价组成明细

定额编号	定额名称	定额单位	数量	单价（元）				合价（元）			
				人工费	材料费	机械费	管理费和利润	人工费	材料费	机械费	管理费和利润
2-641	户内热缩式电力电缆终端头制作、安装1kV以下终端头（截面mm²以下）120	个	2.4	45.00	101.06	0.00	17.28	108.00	242.54	0.00	41.47
								0.00	0.00	0.00	0.00	0.00
人工单价			小计					108.00	242.54	0.00	41.47
技工55元/工日 普工40元/工日			未计价材料费					220.32			
清单项目综合单价								306.17			

材料费明细	主要材料名称、规格、型号	单位	数量	单价（元）	合价（元）	暂估单价（元）	暂估合价（元）
	户内热缩式电力电缆终端头 40mm²	个	2.448	90	220.32		
					0.00		
	其他材料费			—		—	
	材料费小计			—	220.32	—	

注：1. 如不使用省级或行业建设主管部门发布的计价依据，可不填定额项目、编号等。
　　2. 招标文件提供了暂估单价的材料，按暂估的单价填入表内"暂估单价"栏及"暂估合价"栏。

分部分项工程和单价措施项目清单与计价表　　表 3-21

工程名称：某住宅楼电气安装工程　　　　标段：　　　　　第　页　共　页

序号	项目编码	项目名称	项目特征描述	计量单位	工程数量	金额（元）			
						综合单价	合价	暂估价	其中
									人工费＋机械费
1	030408001001	电力电缆	1. 名称：电力电缆 2. 型号：ZRYJV$_{22}$ 3. 规格：4×50mm^2 4. 材质：阻燃型聚氯乙烯 5. 敷设方式、部位：室外直埋 6. 电压等级：0.4 kV 7. 地形：平坦	m	70.20	138.45	9719.19		297.33
2	030408003001	电缆保护管	1. 名称：电缆保护管 2. 材质：镀锌钢管 3. 规格：DN50 4. 敷设方式：墙内暗敷设	m	6.32	30.18	190.74		32.61

序号	项目编码	项目名称	项目特征描述	计量单位	工程数量	金额（元）			
						综合单价	合价	暂估价	其中 人工费＋机械费
3	030408005001	铺砂、盖保护板（砖）	1. 种类：砂、混凝土保护板 2. 规格：规范要求	m	50.00	7.81	390.50		93.75
4	030408006001	电力电缆头	1. 名称：热缩式电缆终端头 2. 材质：铜 3. 规格：50mm² 4. 安装部位：户内 5. 电压等级：0.4kV	个	2	306.17	612.34		108.00

小于 48mm²，其厚度不得小于 4mm。如果建筑物楼顶上有女儿墙，避雷网安装在女儿墙上。安装时先在混凝土结构上打孔，安装铁支架，支架间距 1m。如无女儿墙，则安装在楼顶天沟外沿。如果楼面较大时，要在楼面上做成网格，网格上的圆钢与周围的圆钢焊在一起，连成一体，并将屋面凸出的金属物体都和避雷网焊成一体，如排水管的通气管、共用天线的铁架等。屋面中间的避雷网要敷设在混凝土块上，间距 1m。对于不允许明装避雷网的建筑物，可以将圆钢或扁钢安装在建筑物的结构表面内，外面用装饰面遮蔽。

3）避雷线

一般采用截面积不小于 35mm² 的镀锌钢绞线，架设在架空线路之上，以保护架空线路免受直接雷击。

（2）引下线

引下线是接闪器与接地体之间的连接线。它将接闪器上的雷电流安全地引入接地体，使之尽快地泄入大地。一般采用圆钢或扁钢，优先采用圆钢。

1）引下线的选择和设置

采用圆钢时，直径不应小于 8mm；采用扁钢时，其截面积不应小于 48mm²，厚度不应小于 4mm。

明敷的引下线应镀锌，焊接处应涂防腐漆。建筑物的金属构件（如消防梯等）、金属烟囱、烟囱的金属爬梯、混凝土柱内钢筋、钢柱等都可作为引下线，但其所有部件之间均应连成电气通路。在易受机械损坏和人身接触的地方，地面上 1.7m 至地面下 0.3m 的一段引下线应采取暗敷或用镀锌角钢、改性塑料管等保护设施。

暗敷设引下线是把圆钢或扁钢暗敷设在结构内，采用最多的是利用建筑物混凝土柱内的钢筋作防雷引下线。作引下线的柱内主筋直径不小于 10mm，每根柱子内要焊接不少于 2 根主筋。

2）断接卡

设置断接卡的目的是为了便于运行、维护和检测接地电阻。采用多根专设引下线时，为了便于测量接地电阻以及检查引下线、接地线的连接状况，宜在各引下线上距地面 0.3~1.8m 之间设置断接卡。断接卡应有保护措施。

由于利用建筑物钢筋作引下线时，是自上而下连成一体的，故不能设置断接卡子来测试接地电阻值。这时，要在作为引下线的柱（或剪力墙）主筋上另焊一根圆钢引至柱（或墙）外侧的墙体上，在距地 1.8m 处，设置接地电阻测试箱。这时有两种接地情况，一是如果采用埋于土壤中的人工接地体时，箱内设断接卡子，下端接 40mm×4mm 镀锌扁钢接地线；二是如果采用建筑物基础钢筋作接地体时，要在地下 0.8~1m 处预留一处采用

ϕ12mm 圆钢或 40mm×4mm 镀锌扁钢的接地连接板，在建筑结构施工完成后测得接地电阻达不到设计要求时连接人工接地体使用。

（3）接地装置

接地装置包括接地体（又称接地极）和接地线。它的作用是把引下线引下的雷电流迅速流散到大地土壤中去。

1）接地体

它是指埋入土壤中或混凝土基础中起散流作用的金属导体。接地体分人工接地体和自然接地体两种。

2）接地线

接地线是从引下线断接卡或换线处至接地体的连接导体，也是接地体与接地体之间的连接导体，同时也是接地设备与接地体可靠连接的导体。有时一个接地体上要接多台设备，这时要把接地线分为两段，与接地体连接的一段称为接地母线，与设备连接的一段称为接地线。接地线应与水平接地体的截面相同。人工敷设的接地母线一般为镀锌扁钢或镀锌圆钢。与设备连接的接地线可以采用钢材料，也可以是铜或铝导线。接地母线可以暗敷设在结构内、埋设于地下或明敷设在建筑结构上；而接地导线可以穿管暗敷设或明敷设。

39. 自然接地体和人工接地体之间的区别有哪些？

答：自然接地体即兼作接地用的直接与大地接触的各种金属构件，如建筑物的钢结构、行车钢轨、埋地的金属管道（可燃液体和可燃气体管道除外）、混凝土建筑物的基础等。在建筑施工中常采用混凝土建筑物的基础钢筋作为自然接地体。利用基础接地时，对建筑物地梁的处理是重要的一环。地梁内的主筋要和基础主筋连接起来，并要把各段地梁的钢筋连成一个环路。自然接地体的接地电阻符合要求时，一般不再设人工接地体，当不能满足要求时，可以增加人工接地体。

利用钢筋混凝土基础内的钢筋作为接地装置时，敷设在钢筋混凝土中的单根钢筋或圆钢，其直径不应小于 10mm，应在与防雷引下线相对应的室外埋深 0.8～1m 处，由被用作引下线的钢筋上焊出一根 φ12mm 圆钢或 40mm×4mm 镀锌扁钢，此导体伸向室外，距外墙皮的距离不宜小于 1m。此圆钢或扁钢能起到遥测接地电阻和当整个建筑物的接地电阻值达不到规定要求时给补打人工接地体创造条件的作用。

利用钢筋混凝土桩基础作接地体，一般是在作为防雷引下线的柱子（或者剪力墙内钢筋作引下线）位置处，将桩基础的抛头钢筋与承台梁钢筋焊接，并与上面作为引下线的柱（或剪力墙）中钢筋焊接。如果每一组桩基多于 4 根时，只需连接其四角桩基的钢筋作为防雷接地体即可。

人工接地体即直接打入地下专作接地用的经加工的各种型钢或钢管等，按其敷设方式可分为垂直接地体和水平接地体。埋入土壤中的人工垂直接地体宜采用角钢、钢管或圆钢；埋入土壤中的人工水平接地体宜采用扁钢或圆钢。圆钢直径不应小于 10mm；扁钢截面积不应小于 100mm²，其厚度不应小于 4mm。角钢厚度不应小于 4mm；钢管壁厚不应小于 3.5mm。人工接地体在土壤中埋设深度不应小于 0.6m，垂直接地体的长度不应小于 2.5m，人工垂直接地体之间及人工水平接地体之间的距离不应小于 5m，距建筑物间距大于 3m。

40. 什么是均压环？如何设置？

答：当建筑物的高度过高时，安装在屋顶的避雷网往往不能有效地防护建筑物的侧面，无法使其免受侧向雷击。通常高层建筑物在设计过程中，从首层起每三层把结构圈梁水平钢筋焊接成环，并与作为防雷引下线的柱内主筋焊接，焊接数量不少于 2 根，我们称其为均压环。从 30m 高度起，每向上三层在结构圈梁内敷设一条 25mm×4mm 的镀锌扁钢与引下线焊接，形成环形水平避雷带。当高度超过 45m 时，将 45m 以上的建筑物外墙上的栏杆、门窗等较大金属物与防雷装置连接。

41. 什么是等电位联结？如何套用定额？

答：等电位联结包括总等电位联结、辅助等电位联结和局部等电位联结三类。

（1）总等电位联结（Main Equipotential Bonding，简称MEB），它的作用在于降低建筑物内间接触电击的接触电压和不同金属部件间的电位差，并消除自建筑物外经电气线路和各种金属管道引入的危险故障电压的危害，它应通过进线配电箱近旁的总等电位联结端子板（接地母排）将下列导电部分互相连通：

1）进线配电箱的 PE（PEN）母排；

2）公用设施的金属管道：如上下水、热力、煤气等管道；

3）如果可能，应包括建筑物金属结构；

4）如果作人工接地，也包括其接地极引线。

建筑物每一电源进线都应作总等电位联结，各个总等电位联结端子板应互相连通。接地端子板安装在总等电位联结箱内，把从接地体引来的接地母线和与各处连接的接地线都接在接地端子板上。

（2）辅助等电位联结（Supplementary Equipotential Bonding，简称 SEB），即将装置外露可导电部分与装置外可导电部分用导线直接作等电位联结，使故障接触电压降至接触电压限值以下。

（3）局部等电位联结（Local Equipotential Bonding，简称LEB），即当需在一局部场所范围内作多个辅助等电位联结时，可通过局部等电位联结端子板将下列部分通过相互连通，以简便地实现该局部范围内的多个辅助等电位联结。主要应用在住宅楼中的卫生间、游泳池等部位。端子板要求与系统 PE 线连接，同时与建筑物钢筋网进行连接。在建筑物的防雷系统中，建筑物的某些楼层也需作局部等电位联结，把楼层内的金属管道和金属构件与防雷引下线连接。

（4）等电位联结的定额套用

1）等电位箱、电缆 T 接箱箱体安装可按接线箱安装相应项目执行套用定额，焊、压接线端子、电缆头制作安装另行计算。

2）卫生间的等电位接地定额套用：卫生间内等电位接地采用圆钢、扁钢时，可套用防雷及接地装置中"户内接地母线敷设"项目。

42. 防雷及接地装置的工程量计算规则是什么？计算方法是什么？

答：（1）工程量计算规则

1）接地极、避雷针按设计图示数量计算，以"根"为计量单位。利用桩基础作接地极，应描述桩台下桩的根数，每桩台下需焊接柱筋根数，其工程量按柱引下线计算；利用基础钢筋作接地极按均压环项目编码列项。

2）接地母线、避雷引下线、均压环、避雷网按设计图示尺寸以长度计算（含附加长度），以"m"为计量单位，接地母线、避雷引下线、避雷网附加长度按其全长的 3.9% 计算。利用柱筋作引下线的，需描述柱筋焊接根数。利用圈梁筋作均压环的，需描述圈梁筋焊接根数。

3）半导体少长针消雷装置按设计图示数量计算，以"根"为计量单位。

4）等电位端子箱、测试板按设计图示数量计算，以"台"为计量单位。

5）绝缘垫按设计图示尺寸以展开面积计算，以"m²"为计量单位。

6）浪涌保护器按设计图示数量计算，以"个"为计量单位。

7）降阻剂按设计图示以质量计算，以"kg"为计量单位。

8）使用电缆、电线作接地线，应按"电缆安装"、"照明器具安装"相关项目编码列项。

（2）计算方法

1）避雷网、接地母线敷设长度（m）＝施工图设计长度（m）×（1＋3.9%）。

2）混凝土块制作工程量按施工图图示数量计算，施工图未说明的，通常按每延长米一块计算，以"块"为计量单位。

3）避雷引下线按图纸要求，由柱顶计算至基础底，明敷设引下线从女儿墙顶计算至断接卡子，根据明敷还是暗敷还是利用柱筋套用相应定额。

4）均压环长度按设计需要作均压接地的圈梁中心线长度计算。

43. 如何计算防雷接地装置工程量？如何编制防雷接地装置分部分项工程量清单？

答：[案例] 某屋面防雷和基础接地如图 3-2、图 3-3 所示，请计算出工程量，并编制分部分项工程量清单。

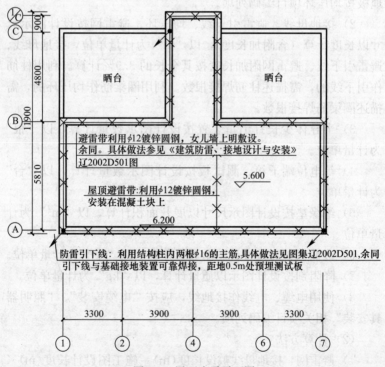

图 3-2 屋面防雷平面图

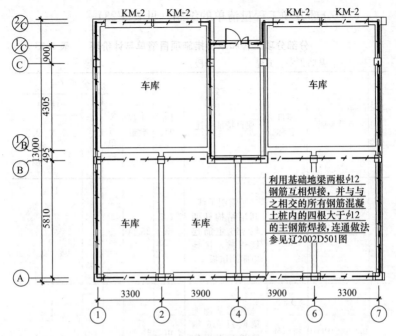

图 3-3 基础接地平面图

[解] （1）工程量计算（见表 3-22）

工程量计算表　　　　　　　表 3-22

序号	项目名称	计量单位	数量	计算过程
1	避雷引下线敷设，利用建筑物柱内两根 $\phi16$ 主筋	m	25.50	［6.2（檐口标高）＋2.3（室外地坪至±0.000 的高度）]×3（3处引下线）＝25.50
2	断接卡子制作安装，测试板	套	3	每处引下线上设一处测试板
3	避雷网沿混凝土块敷设	m	6.04	5.81（即两轴线间距离）×（1＋3.9%）＝6.04
4	避雷网沿折板支架敷设	m	53.84	［(14.4＋5.81)×2＋(4.8＋0.9)×2]×(1＋3.9%)＝53.84
5	利用基础地梁两根 $\phi16$ 钢筋相互焊接作接地极	m	48.80	

101

（2）分部分项工程量清单的编制（见表 3-23）

分部分项工程和单价措施项目清单与计价表　　表 3-23

工程名称：某防雷安装工程　　　　标段：　　　　　　　　第　页　共　页

序号	项目编码	项目名称	项目特征描述	计量单位	工程数量	金额（元）			
						综合单价	合价	其中	
								暂估价	人工费＋机械费
1	030409003001	避雷引下线	避雷引下线，利用结构柱两根 φ16 主筋连续焊接，接地电阻测试板	m	25.50				
2	030409004001	均压环	利用基础地梁两根 φ16 钢筋相互焊接作接地极	m	48.80				
3	030409005001	避雷网	避雷网，镀锌圆钢 φ12，女儿墙上安装	m	6.04				
4	030409005002	避雷网	避雷网，镀锌圆钢 φ12，混凝土块上安装	m	53.84				

44. 防雷接地装置包含的工作内容及对应的定额子目有哪些？如何用定额计价法计算案例工程防雷接地装置分部分项工程费？

答：（1）防雷接地装置对应的定额子目如表 3-24 所示。

项目编码	项目名称	工程内容		套用定额子目
030409001	接地极	1. 接地极（板、桩）制作、安装		2-688～2-695
		2. 基础接地网安装		2-752
		3. 补刷（喷）油漆		2-364
030409002	接地母线	1. 接地母线制作、安装		2-696～2-700
		2. 补刷（喷）油漆		2-364
030409003	避雷引下线	1. 避雷引下线制作、安装		2-744～2-746
		2. 断接卡子、箱制作、安装		2-747
		3. 利用主钢筋焊接		2-746
		4. 补刷（喷）油漆		2-364
030409004	均压环	1. 均压环敷设		2-751
		2. 钢铝窗接地		2-703
		3. 柱主筋与圈梁焊接		2-752
		4. 补刷（喷）油漆		2-364
030409005	避雷网	1. 避雷网制作、安装		2-748～2-749
		2. 跨接		2-701
		3. 混凝土块制作		2-750
		4. 补刷（喷）油漆		2-364
030409006	避雷针	1. 避雷针制作、安装	避雷针制作	2-704～2-710
			避雷针安装	2-711～2-740
		2. 跨接		2-701
		3. 补刷（喷）油漆		2-364
030409007	半导体少长针消雷装置	本体安装		2-741～2-743
030409008	等电位端子箱、测试板	本体安装	端子箱安装	2-324～325
			测试板安装	2-326

（2）定额计价法计算防雷接地工程分部分项工程费（见表 3-25）

45. 如何用工程量清单计价法计算防雷接地装置分部分项工程费？

答：（1）计算综合单价（见表 3-26）

（2）计算分部分项工程费（见表 3-27）

46. 利用基础钢筋作接地极时应该如何计算工程量？怎么套用定额？防雷及接地定额套用有哪些规定？

答：（1）利用桩基础作接地极，应描述桩台下桩的根数，每个桩台下需焊接柱筋根数，其工程量按柱引下线计算；利用基础钢筋作接地极按均压环项目编码列项。

（2）防雷及接地定额套用的规定

1）户外接地母线敷设定额系按自然地坪和一般土质综合考虑的，包括地沟的挖填土和夯实工作，执行本定额时不应再计算土方量。如遇有石方、矿渣、积水、障碍物等情况时可另行计算。

2）定额不适于采用爆破法施工敷设接地线、安装接地极，也不包括高土壤电阻率地区采用换土或化学处理的接地装置及接地电阻的测定工作。降阻剂的埋设以"kg"为计量单位计算。

3）定额中，避雷针的安装、半导体少长针消雷装置安装均已考虑了高空作业的因素。

4）独立避雷针的加工制作执行第二册第四章中"一般铁构件"制作定额。

5）防雷均压环安装定额是按用建筑物圈梁内主筋作为防雷接地连接线考虑的。如果采用单独扁钢或圆钢明敷作均压环时，可执行"户内接地母线敷设"定额。均压环敷设主要考虑利用圈梁内主筋作均匀环接地连线，焊接按两根主筋考虑，超过两根时，可按比例调整。

分部分项工程费计算表

表 3-25
第 页 共 页

工程名称：某防雷接地工程

序号	定额编号	子目名称	工程量		主材/设备		单价（元）				主材/设备费	总价（元）		
			单位	数量	单价	损耗	基价	人工费	其中			合价	其中	
									材料费	机械费			人工费	机械费
1	2-837	避雷引下线敷设，利用建筑物主筋引下	10m	2.55			67.62	29.9	5.55	32.17	0.00	172.43	76.25	82.0335
2	2-838	断接卡子制作安装	10套	0.3			174.69	131.14	43.42	0.13	0.00	52.41	39.34	0.039
3	2-839	避雷网安装沿混凝土块敷设	10m	0.604	3.52	10.23	51.66	33.49	11.53	6.64	21.75	31.20	20.23	4.01056
4	2-840	避雷网安装沿折板支架敷设	10m	5.384	3.52	10.23	136.36	99.13	23.95	13.28	193.88	734.16	533.72	71.49952
5	2-841	避雷网安装，混凝土块制作	10块	0.5			28.76	16.79	11.97		0.00	14.38	8.40	0
分部分项工程费合计											215.63	1004.58	677.94	157.58

工程量清单综合单价分析表

表 3-26

工程名称：某防雷接地工程　　　　标段：　　　　　　　第　页 共　页

| 项目编码 | 030409003001 | | 项目名称 | 避雷引下线 | 计量单位 | m | 工程量 | 25.5 |

清单综合单价组成明细

定额编号	定额名称	定额单位	数量	单价（元）				合价（元）			
				人工费	材料费	机械费	管理费和利润	人工费	材料费	机械费	管理费和利润
2-746	避雷引下线敷设，利用建筑物主筋引下	10m	2.55	29.90	5.55	32.17	23.83	76.25	14.15	82.03	60.78
人工单价		小计						76.25	14.15	82.03	60.78
技工55元/工日	未计价材料费							0.00			
普工40元/工日											
清单项目综合单价								9.15			

材料费明细	主要材料名称、规格、型号	单位	数量	单价（元）	合价（元）	暂估单价（元）	暂估合价（元）
					0.00		
					0.00		
	其他材料费			—		—	
	材料费小计			—	0.00	—	

106

项目编码	030409004001		项目名称	均压环	计量单位	m	工程量	48.8

清单综合单价组成明细

定额编号	定额名称	定额单位	数量	单价（元）				合价（元）			
				人工费	材料费	机械费	管理费和利润	人工费	材料费	机械费	管理费和利润
2-751	均压环敷设，利用圈梁钢筋	10m	4.88	14.59	1.63	8.96	9.04	71.20	7.95	43.72	44.13
人工单价		小计						71.20	7.95	43.72	44.13
技工55元/工日 普工40元/工日		未计价材料费						0.00			
清单项目综合单价								3.42			

材料费明细	主要材料名称、规格、型号		单位	数量	单价（元）	合价（元）	暂估单价（元）	暂估合价（元）
						0.00		
						0.00		
	其他材料费				—		—	
	材料费小计				—	0.00		—

项目编码	030409005001		项目名称	电力电缆	计量单位	m	工程量	53.84

清单综合单价组成明细

定额编号	定额名称	定额单位	数量	单价（元）				合价（元）			
				人工费	材料费	机械费	管理费和利润	人工费	材料费	机械费	管理费和利润
2-749	避雷网安装沿折板支架敷设	10m	5.38	99.13	23.95	13.28	43.17	533.72	128.95	71.50	232.40

定额编号	定额名称	定额单位	数量	单价（元）				合价（元）			
				人工费	材料费	机械费	管理费和利润	人工费	材料费	机械费	管理费和利润
人工单价			小计					533.72	128.95	71.50	232.40
技工55元/工日 普工40元/工日			未计价材料费					189.52			
清单项目综合单价								21.47			

材料费明细	主要材料名称、规格、型号				单位	数量	单价（元）	合价（元）	暂估单价（元）	暂估合价（元）
	镀锌圆钢φ12				m	53.84	3.52	189.52		
								0.00		
	其他材料费						—		—	
	材料费小计						—	189.52	—	

项目编码	030409005002	项目名称	避雷网	计量单位	m	工程量	6.04

清单综合单价组成明细

定额编号	定额名称	定额单位	数量	单价（元）				合价（元）			
				人工费	材料费	机械费	管理费和利润	人工费	材料费	机械费	管理费和利润
2-748	避雷网安装沿混凝土块敷设	10m	0.60	33.49	11.53	6.64	15.41	20.23	6.96	4.01	9.31
人工单价			小计					20.23	6.96	4.01	9.31
技工55元/工日 普工40元/工日			未计价材料费					21.26			
清单项目综合单价								21.47			

108

材料费明细	主要材料名称、规格、型号	单位	数量	单价（元）	合价（元）	暂估单价（元）	暂估合价（元）
	镀锌圆钢 $\phi12$	m	6.04	3.52	21.26		
					0.00		
	其他材料费			—		—	
	材料费小计			—	21.26	—	

注：1. 如不使用省级或行业建设主管部门发布的计价依据，可不填定额项目、编号等。

2. 招标文件提供了暂估单价的材料，按暂估的单价填入表内"暂估单价"栏及"暂估合价"栏。

分部分项工程和单价措施项目清单与计价表　　表 3-27

工程名称：某防雷安装工程　　　　标段：　　　　　　　　　第 1 页　共 1 页

序号	项目编码	项目名称	项目特征描述	计量单位	工程数量	综合单价	合价	暂估价	人工费＋机械费
1	030409003001	避雷引下线	避雷引下线，利用结构柱两根 $\phi16$ 主筋连续焊接，接地电阻测试板	m	25.50	9.15	233.21		158.28
2	030409004001	均压环	利用基础地梁两根 $\phi16$ 钢筋相互焊接作接地极	m	48.80	3.42	167.01		114.92
3	030409005001	避雷网	避雷网，镀锌圆钢 $\phi12$，女儿墙上安装	m	53.84	21.47	1156.08		605.22

序号	项目编码	项目名称	项目特征描述	计量单位	工程数量	金额（元）			
						综合单价	合价	暂估价	人工费+机械费
4	030409005002	避雷网	避雷网，镀锌圆钢φ12，混凝土块上安装	m	6.04	10.23	61.77		24.24

6）用铜绞线作接地引下线时，配管、穿铜绞线执行第二册第十二章中同规格的相应项目。

7）利用建筑物内主筋作接地引下线安装，每一柱子内按焊接两根主筋考虑，如果焊接主筋数超过两根时，可按比例调整。

8）接地跨接线按规程规定凡需作接地跨接线的工程内容，每跨接一次按一处计算，户外配电装置构架均需接地，每副构架按"一处"计算。

9）柱子主筋与圈梁连接，每处按两根主筋与两根圈梁钢筋分别焊接连接考虑。如果焊接主筋和圈梁钢筋超过两根时，可按比例调整。

47. 10kV 架空配电线路由哪几部分组成？

答：主要由电杆、横担、金具、绝缘子、拉线和导线等组成。架空配电线路的施工主要包括定位挖坑、电杆组立、横担安装、拉线制作安装、导线架设、导线跨越、进户线架设及杆上变配电设备安装等内容。

（1）电杆

常用的电杆是水泥杆，按照作用不同可分为直线杆、耐张杆、转角杆、终端杆、分支杆和跨越杆六种。

（2）横担

横担是专门用来安装绝缘子架设导线的，安装在电杆上部，常用的有铁横担和瓷横担。直线杆、终端杆上安装单根横担，耐张杆、跨越杆上安装双根横担，转角杆、分支杆上安装2组单根横担。

（3）金具

金具是架空线路中用来安装绝缘子和横担用的金属件，主要有抱箍、螺栓等。

（4）绝缘子

绝缘子是用来安装在横担上支持导线用的，常用的有针式绝缘子、蝶式绝缘子和悬式绝缘子等。针式绝缘子安装在直线杆上，蝶式绝缘子和悬式绝缘子安装在其他类型的电杆上。

（5）拉线

拉线是用来平衡风力及导线对电杆的拉力，防止电杆倾倒的。通常情况下拉线安装在转角杆、终端杆、分支杆和耐张杆上。拉线的形式有普通拉线、水平拉线和弓形拉线等几种。

（6）导线

室外架空配线常用的导线有裸导线和绝缘导线。常用的裸导线采用铝绞线（型号为 LJ）和钢芯铝绞线（LGJ）两种。

48. 10kV 以下架空配电线路工程量计算规则是什么？包括哪些工作内容？

答：（1）电杆组立按设计图示数量计算，以"根"为计量单位，工作内容包括：施工定位、电杆组立、土（石）方挖填、底盘、拉盘、卡盘安装、电杆防腐、拉线制作安装、现浇基础、基础垫层、工地运输。

（2）横担组装按设计图示数量计算，以"组"为计量单位，工作内容包括：横担安装、瓷瓶、金具组装。

（3）导线按设计图示尺寸以单线长度计算（含预留长度），以"km"为计量单位，工作内容包括：导线架设、导线跨越及进户线架设、工地运输。

（4）杆上设备按设计图示数量计算，以"台（组）"为计量单位，工作内容包括：支撑架安装、本体安装、焊（压）接线端子、接线、补刷（喷）油漆和接地。

49. 架空导线预留长度怎么计算？如何计算 10kV 以下架空配电线路工程量？如何编制 10kV 以下架空配电线路分部分项工程量清单？

答：（1）架空导线预留长度

按表 3-28 的规定计算。

架空导线预留长度

表 3-28

项目名称		预留长度（m/根）
高压	转角	2.5
	分支、终端	2.0
低压	分支、终端	0.5
	交叉跳线转角	1.5
与设备连线		0.5
进户线		2.5

导线长度按线路总长度和预留长度之和计算。计算主材费时应另增加规定的损耗率。

（2）计算 10kV 以下架空配电线路工程量，并编制分部分项工程量清单

［案例］某 10kV 架空线路新建工程，单回路架设。如图 3-4、图 3-5 所示。电杆：电杆采用稍径 $\phi 230$ 水泥杆，高度为 15m。电杆埋深 2300mm，底盘底宽 1.0m。直线电杆装卡盘。金具绝缘子：导线采用三角排列，线路前进方向左侧为乙线，右

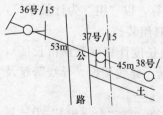

图 3-4　某 10kV 架空配电线路平面图

侧为甲线，直线杆上横担用∠75×8×1500，下横担用∠75×8×2240，耐张横担用∠100×8×2240×2 根。直线杆采用高压针式绝缘子 P-20T。拉线：拉线装 X-4.5C 悬式绝缘子。导线：导线均采用 JKLYJ-3×240 铝芯交联聚乙

烯绝缘架空电缆，跨越公路和通信线路。

杆型名称	直线杆	转角杆
型　号	Z1	ZJ1
装置号	35.37.38.39.40.42	36.41
杆 型 示 意 图	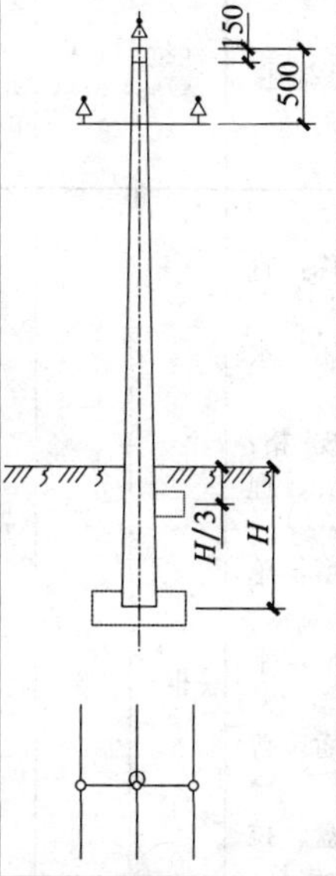	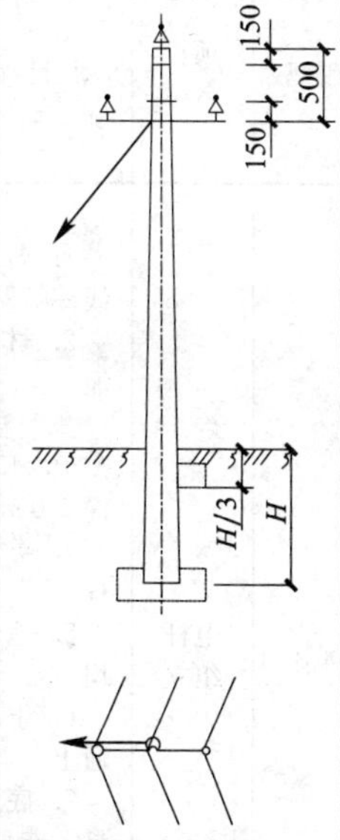

图 3-5　杆位一览

试计算该工程的工程量，并编制分部分项工程量清单。

[解]　1）工程量计算

① 电杆组立（水泥电杆 15m）　　　3 根

② 横担组装

横担∠75×8×1500　1 组（用于 38 号杆上横担）

横担∠75×8×2240　1 组（用于 38 号杆下横担）

耐张横担∠100×8×2240　4 组（用于 36、37 号杆，各
2 根）

③ 导线架设（JKLYJ-3×240 铝芯交联聚乙烯绝缘架空
电缆）

（53＋45＋2.5 转角预留长度)×2＝201(m)

113

2）分部分项工程量清单的编制（见表 3-29）

分部分项工程和单价措施项目清单与计价表　　表 3-29

工程名称：某 10kV 架空线路工程　　标段：　　　　　第 页 共 页

序号	项目编码	项目名称	项目特征描述	计量单位	工程数量	综合单价	合价	暂估价	人工费＋机械费
							金额（元）		
								其中	
1	030410001001	电杆组立	1. 名称：直线杆 2. 材质：水泥 3. 规格：φ230，15m，埋深2300mm 4. 类型：单杆 5. 地形：平坦 6. 土质：普通土 7. 底盘、拉盘、卡盘规格：底盘底宽1.0m 8. 拉线材质、规格、类型：装 X-4.5C 悬式绝缘子	根	3				
2	030410002001	横担组装	1. 名称：上横担 2. 材质：角钢 3. 规格：∠75×8×1500 4. 瓷瓶型号、规格：高压针式绝缘子 P-20T	组	1				

114

序号	项目编码	项目名称	项目特征描述	计量单位	工程数量	综合单价	合价	暂估价	人工费＋机械费
						金额（元）			
								其中	
3	030410002002	横担组装	1. 名称：下横担 2. 材质：角钢 3. 规格：∠75×8×2240 4. 瓷瓶型号、规格：高压针式绝缘子 P-20T	组	1				
4	030410002003	横担组装	1. 名称：耐张横担 2. 材质：角钢 3. 规格：∠100×8×2240 4. 瓷瓶型号、规格：高压针式绝缘子 P-20T	组	4				
5	030410003001	导线架设	1. 名称：铝芯交联聚乙烯绝缘架空电缆 2. 型号、规格：JKLYJ-3×240 3. 地形：平坦 4. 跨越类型：公路、通信线路各1处	km	0.20				

50. 10kV 以下架空配电线路定额套用子目有哪些？

答：10kV 以下架空配电线路定额子目如表 3-30 所示。

10kV 以下架空配电线路定额子目   表 3-30

项目编码	项目名称	工程内容		套用定额子目
030410001	电杆组立	1. 工地运输		2-753～2-756
		2. 土（石）方挖填		2-757～2-762
		3. 底盘、拉盘、卡盘安装		2-763～2-765
		4. 木电杆防腐		2-766
		5. 电杆组立	单杆组立	2-767～2-773
			接腿杆	2-774～2-780
			撑杆及钢圈焊接	2-781～2-787
		6. 拉线制作、安装		2-804～2-809
030410002	横担组装	1. 横担安装	10kV 以下横担	2-788～2-791
			1kV 以下横担	2-792～2-797
			进户横担	2-798～2-803
		2. 瓷瓶、金具组装		
030410003	导线架设	1. 导线架设		2-810～2-821
		2. 导线跨越及进户线架设		2-822～2-828
030410004	杆上设备	1. 工地运输		2-753～2-756
		2. 支撑架安装		
		3. 本体安装		2-829～2-837
		4. 焊（压）接线端子、接线		2-331～2-351
		5. 补刷（喷）油漆		2-364

51. 横担组装、导线跨越、杆上设备安装、线路等定额是如何考虑的？怎么影响组价？

答：（1）横担安装

横担安装已包括金具及绝缘子安装人工，但横担、绝缘子及金具的材料费另行计算。10kV 以下双杆横担安装，基价乘以系

116

数 2.0。横担安装定额按单根拉线考虑，若安装 V 型、Y 型或双拼型拉线时，按 2 根计算。

（2）导线跨越

1）导线跨越架设，包括越线架的搭、拆和运输以及因跨越（障碍）施工难度增加而增加的工作量，以"处"为计量单位。每个跨越间距按 50m 以内考虑，大于 50m 而小于 100m 的按 2 处计算，以此类推。

2）在同跨越档内，有多种（或多次）跨越物时，应根据跨越物种类分别套用定额。

3）跨越项目仅考虑因跨越而多耗的人工、机械台班和材料，在计算架线工程量时，不扣除跨越档的长度。

（案例中的跨越公路间距 53m，大于 50m，因此按 2 处计算；跨越通信线路间距 45m，按 1 处计算）

（3）杆上设备安装

杆上设备包括杆上变压器、杆上跌落式熔断器、杆上避雷器、杆上隔离开关、杆上油开关、杆上配电箱等。

杆上变配电设备安装定额内包括杆上钢支架及设备的安装工作，但钢支架主材、连引线、线夹、金具等应按设计规定另行计算，设备的接地装置安装和调试应按第二册定额另行计算。杆上变配电设备安装项目中不包括变压器抽芯，干燥、调试及检修平台和防护栏杆，但台架铁件、连引线、瓷瓶、金具、接线端子、低压熔断器的材料费已计入基价内。

（4）线路

线路一次施工工程量按 5 根以上电杆考虑的，如 5 根以内者，其全部人工、机械乘以系数 1.3。

52. 10kV 以下架空配电线路定额中关于地形和土质是怎样规定的？如何调整？

答：（1）定额按平地施工条件考虑的，如在其他地形条件下施工时，其人工和机械按地形系数表 3-31 予以调整。

地形系数		表 3-31
地形类别	丘陵（市区）	一般山地、泥沼地带
调整系数	1.20	1.60

（2）地形分类

1）平地：指地形比较平坦、地面比较干燥的地带；

2）丘陵：指地形有起伏的矮岗、土丘等地带；

3）一般山地：指一般山岭或沟谷地带、高原台地等；

4）泥沼地带：指经常积水的田地或泥水淤积的地带。

（3）多种地形同时出现的处理方法

预算编制中，全线地形分几种类型时，可按各种类型长度所占百分比求出综合系数进行计算。

（4）土质分类

1）普通土：指种植土、黏砂土、黄土和盐碱土等，主要利用锹、铲即可挖掘的土质；

2）坚土：指土质坚硬难挖的红土、板状黏土、重块土、高岭土，必须用铁镐、条锄挖松，再用锹、铲挖掘的土质；

3）松砂石：指碎石、卵石和土的混合体，各种不坚实砾岩、页岩、风化岩，节理和裂缝较多的岩石等（不需用爆破方法开采的），需要镐、撬棍、大锤、楔子等工具配合才能挖掘者；

4）岩石：一般指坚实的粗花岗岩、白云岩、片麻岩、玢岩、石英岩、大理岩、石灰岩、石灰质胶结的密实砂岩的石质，不能用一般挖掘工具进行开挖，必须采用打眼、爆破或打凿才能开挖者；

5）泥水：指坑的周围经常积水，坑的土质松散，如淤泥和沼泽地等挖掘时因水渗入和浸润而成泥浆，容易坍塌，需用挡土板经适量排水才能施工者；

6）流砂：指坑的土质为砂质或分层砂质，挖掘过程中砂层有上涌现象，容易坍塌，挖掘时需排水和采用挡土板才能施工者。

53. 电杆组立项目如何组价？

答：以案例工程中的电杆组立清单项目为例进行组价。

(1) 需要计算的组价工程量

1) 电杆组立

工程量计算规则计算的主工程量，本例为 3 根。

如果出现钢管杆的组立，按同高度混凝土杆组立的人工、机械乘以系数 1.4，材料不调整。

2) 土（石）方挖填

① 无底盘、卡盘的电杆坑，其挖方体积

$$v = 0.8 \times 0.8 \times h$$

式中 h——坑深，m。

② 电杆坑的马道土、石方量按每坑 0.2m³ 计算。

③ 施工操作宽度按底拉盘底宽每边增加 0.1m。

④ 各类土质的放坡系数按表 3-32 计算。

各类土质的放坡系数 表 3-32

土质	普通土、水坑	坚土	松砂土	泥水、流砂、岩石
放坡系数	1：0.3	1：0.25	1：0.2	不放坡

⑤ 土方量计算公式

$$h/v = 6 \times [a \times b + (a + a_1) \times (b + b_1) + a_1 \times b_1]$$

式中 v——土（石）方体积，m³；

h——坑深，m；

$a(b)$——坑底宽，m；$a(b) = $ 底拉盘底宽 $+2 \times$ 每边操作裕度；

$a_1(b_1)$——坑口宽，m；$a_1(b_1) = a(b) + 2 \times h \times$ 边坡系数。

⑥ 杆坑土质按一个坑的主要土质而定，如一个坑大部分为普通土，少量为坚土，则该坑应全部按普通土计算。

⑦ 带卡盘的电杆坑，如原计算的尺寸不能满足卡盘安装时，因卡盘超长而增加的土（石）方量另计。

案例中的工程量计算过程如下：

$$a(b) = 1.0 + 2 \times 0.1 = 1.2\text{m}$$
$$a_1(b_1) = 1.2 + 2 \times 2.3 \times 0.3 = 2.58\text{m}$$
$$V = 2.3/6 \times [1.2^2 + (1.2 + 2.58) \times 2 + 2.58^2] = 8.58\text{m}^3$$

3）底盘、拉盘、卡盘安装

底盘、卡盘、拉盘按设计用量以"块"为计量单位。

（案例中底盘数量为 3 块，拉盘为 2 块）

4）电杆防腐

木电杆防腐以"根"为计量单位计算。

5）拉线制作、安装

拉线制作、安装按施工图设计规定，分为不同形式，以"根"为计量单位。

拉线长度按设计全根长度计算，设计无规定时可按表 3-33 计算。

拉线长度 （单位：m/根） 表 3-33

项目		普通拉线	V（y）形拉线	弓形拉线
杆高（m）	8	11.47	22.94	9.33
	9	12.61	25.22	10.10
	10	13.74	27.48	10.92
	11	15.10	30.20	11.82
	12	16.14	32.28	12.62
	13	18.69	37.38	13.42
	14	19.68	39.36	15.12
水平拉线		26.47		

（因此，案例中拉线制作、安装数量为 1 根 V 形拉线）

6）工地运输

工地运输是指定额内未计价材料从集中材料堆放点或工地仓库运至杆位上的工程运输，分人力运输和汽车运输，以"t·km"为计量单位。

运输量计算公式如下：

工程运输量＝施工图用量×（1＋损耗率）

预算运输质量＝工程运输量＋包装物质量（不需要包装的可

不计算包装物质量）

运输质量可按表 3-34 的规定进行计算。

运输质量表　　　　　　　　　表 3-34

材料名称		单位	运输质量（kg）	备注
混凝土制品	人工浇制	m³	2600	包括钢筋
	离心浇制	m³	2860	包括钢筋
线材	导线	kg	$W \times 1.15$	有线盘
	钢绞线	kg	$W \times 1.07$	无线盘
木杆材料		m³	500	包括木横担
金属、绝缘子		kg	$W \times 1.07$	
螺栓		kg	$W \times 1.01$	

注：1. W 为理论质量。

2. 未列入者均按净重计算。

本例中没有考虑工地运输情况。

（2）综合单价计算（见表 3-35）

工程量清单综合单价分析表　　　表 3-35

工程名称：某 10kV 以下架空配电线路工程　　　标段：　　第　页　共　页

项目编码	030410001001	项目名称	电杆组立	计量单位	根	工程量	3

清单综合单价组成明细

定额编号	定额名称	定额单位	数量	单价（元）				合价（元）			
				人工费	材料费	机械费	管理费和利润	人工费	材料费	机械费	管理费和利润
2-773	单混凝土杆组立（m以内）15	根	3	79.20	3.42	20.55	38.30	237.60	10.26	61.65	114.91
2-757	土石方工程普通土	10m³	0.858	159.60	31.01	0.00	61.29	136.94	26.61	0.00	52.58

121

定额编号	定额名称	定额单位	数量	单价（元）				合价（元）			
				人工费	材料费	机械费	管理费和利润	人工费	材料费	机械费	管理费和利润
2-763	底盘防腐	块	3.000	18.60	0.00	0.00	7.14	55.80	0.00	0.00	21.43
2-765	拉盘防腐	块	2.000	6.60	0.00	0.00	2.53	13.20	0.00	0.00	5.07
2-805	普通拉线制作、安装（截面积mm²以内）70	根	1.000	16.50	2.17	0.00	6.34	16.50	2.17	0.00	6.34

人工单价	小计	460.04	39.04	61.65	200.33
技工55元/工日 普工40元/工日	未计价材料费		4900.00		
	清单项目综合单价		1887.02		

	主要材料名称、规格、型号	单位	数量	单价（元）	合价（元）	暂估单价（元）	暂估合价（元）
材料费明细	φ230水泥杆，15m	根	3.000	1200	3600.00		
	底盘底宽1.0m	块	3.000	100	300.00		
	卡盘	块	2.000	100	200.00		
	拉线、金具、抱箍	m	40.00	20	800.00		
	其他材料费			—			
	材料费小计			—	4900.00	—	

注：1. 如不使用省级或行业建设主管部门发布的计价依据，可不填定额项目、编号等。

2. 招标文件提供了暂估单价的材料，按暂估的单价填入表内"暂估单价"栏及"暂估合价"栏。

54. 如何用定额计价法计算 10kV 以下架空配电线路分部分项工程费？

答：用定额计价法计算 10kV 以下架空配电线路分部分项工程费如表 3-36 所示。

55. 如何用工程量清单计价法计算 10kV 以下架空配电线路分部分项工程费？

答：（1）计算综合单价（见表 3-37）

（2）计算分部分项工程费（见表 3-38）

56. 配管名称、配管配置形式、配线名称、配线形式分别指的是什么内容？

答：配管名称指电线管、钢管、防爆管、塑料管、软管、波纹管等。

配管配置形式指明配、暗配、吊顶内、钢结构支架、钢索配管、埋地敷设、水下敷设、砌筑沟内敷设等。

配线名称指管内穿线、瓷夹板配线、塑料夹板配线、绝缘子配线、槽板配线、塑料护套配线、线槽配线、车间带形母线等。

配线形式指照明线路，动力线路，木结构，顶棚内，砖、混凝土结构，沿支架、钢索、屋架、梁、柱、墙，以及跨屋架、梁、柱。

57. 电气配管配线工程图如何识图与分析管内穿线情况？

答：〔案例〕已知某住宅建筑局部照明平面图如图 3-6、图 3-7 所示，配电箱、开关为墙内暗设，各设备图例及详细信息如表 3-39 所示。由配电箱配出的 WL1 回路导线均采用 BV－2×4mm² 聚氯乙烯绝缘铜芯导线穿阻燃型硬质塑料管（PVC20）保护，墙内、板内暗设，顶板内敷管标高为 2.8m。由配电箱配出的 WL3 回路导线均采用 BV－3×6mm² 聚氯乙烯绝缘铜芯导线穿阻燃型硬质塑料管（PVC25）保护，暗设方式为 WC、FC。

表 3-36

第 页 共 页

工程名称：10kV 架空线路工程

分部分项工程费计算表

序号	定额编号	子目名称	工程量 单位	工程量 数量	主材/设备 单价	主材/设备 损耗	单价（元）基价	单价 人工费	单价 其中 材料费	单价 其中 机械费	主材/设备费	合价	总价（元）人工费	总价（元）其中 机械费
1	2-773	单混凝土杆组立（m以内）15	根	3	1200	1	103.17	79.20	3.42	20.55	3600.00	309.51	237.60	61.65
2	2-757	土石方工程普通土	10m³	0.858			190.61	159.60	31.01	0.00	0.00	163.54	136.94	0.00
3	2-763	底盘防腐	块	3.000	100	1	18.60	18.60	0.00	0.00	300.00	55.80	55.80	0.00
4	2-765	拉盘防腐	块	2.000	100	1	6.60	6.60	0.00	0.00	200.00	13.20	13.20	0.00
5	2-805	普通拉线制作、安装（截面积 mm²以内）70	根	1.000	20	40	18.67	16.50	2.17	0.00	800.00	18.67	16.50	0.00
6	2-788	铁、木横担单根（10kV以下）∠75×8×1500	组	1	95	1	12.42	9.90	2.52	0.00	95.00	12.42	9.90	0.00

续表

| 序号 | 定额编号 | 子目名称 | 工程量 | | 主材/设备 | | 单价（元） | | | | 主材/设备费 | 总价（元） | | 其中 |
			单位	数量	单价	损耗	基价	人工费	其中材料费	机械费		合价	人工费	机械费
7	2-788	铁、木横担单根（10kV以下）∠75×8×2240	组	1	105	1	12.42	9.90	2.52	0.00	105.00	12.42	9.90	0.00
8	2-788	铁、木横担单根（10kV以下）∠100×8×2240	组	4	120	1	12.42	9.90	2.52	0.00	480.00	49.68	39.60	0.00
9	2-612	铝芯电力电缆敷设电缆（截面mm²以下）240	100m	2	360	100	1569.31	829.92	668.19	71.20	72000.00	3138.62	1659.84	142.40
10	2-822	导线跨越（处）电力、公路、通信线	100m/单线	0.03			435.68	264.60	143.28	27.80	0.00	13.07	7.94	0.83
		小计									77580.00	3786.94	2187.21	204.89

125

工程量清单综合单价分析表

表 3-37

工程名称：某 10kV 架空线路工程　　标段：　　　　　　　　　　　　　　　　　　　　　　第　页　共　页

| 项目编码 | 030401002001 | | 项目名称 | 横担组装 | | | 计量单位 | 组 | | 工程量 | 1 |

清单综合单价组成明细

定额编号	定额名称	定额单位	数量	单价（元）				合价（元）			
				人工费	材料费	机械费	管理费和利润	人工费	材料费	机械费	管理费和利润
2-788	铁、木横担单根（10kV 以下）∠75×8×1500	组	1	9.90	2.52	0.00	3.80	9.90	2.52	0.00	3.80
人工单价			小计					9.90	2.52	0.00	3.80
技工 55 元/工日 普工 40 元/工日			未计价材料费						95.00		
清单项目综合单价									111.22		

材料费明细	主要材料名称、规格、型号	单位	数量	单价（元）	合价（元）	暂估单价（元）	暂估合价（元）
	∠75×8×1500	组	1.000	95	95.00	—	—
	其他材料费			—	95.00	—	—
	材料费小计			—	95.00		—

126

项目编码	03040100 2002	项目名称		横担组装			计量单位		组		工程量	1

清单综合单价组成明细

定额编号	定额名称	定额单位	数量	单价（元）				合价（元）			
				人工费	材料费	机械费	管理费和利润	人工费	材料费	机械费	管理费利润
2-788	铁、木横担单根（10kV以下）∠75×8×2240	组	1	9.90	2.52	0.00	3.80	9.90	2.52	0.00	3.80
人工单价		小计						9.90	2.52	0.00	3.80
技工 55 元/工日 普工 40 元/工日		未计价材料费								105.00	
	清单项目综合单价									121.22	

材料费明细	主要材料名称、规格、型号	单位	数量	单价（元）	合价（元）	暂估单价（元）	暂估合价（元）
	∠75×8×2240	组	1.000	105	105.00	—	—
	其他材料费			—	—		—
	材料费小计			—	105.00		—

项目编码	03040100 2003	项目名称		横担组装			计量单位		组		工程量	1

清单综合单价组成明细

定额编号	定额名称	定额单位	数量	单价（元）				合价（元）			
				人工费	材料费	机械费	管理费和利润	人工费	材料费	机械费	管理费和利润
2-788	铁、木横担单根（10kV以下）∠75×8×2240	组	1	9.90	2.52	0.00	3.80	9.90	2.52	0.00	3.80
人工单价				小计				9.90	2.52	0.00	3.80
技工 55 元/工日				未计价材料费					120.00		
普工 40 元/工日											
清单项目综合单价											136.22

材料费明细	主要材料名称、规格、型号	单位	数量	单价（元）	合价（元）	暂估单价（元）	暂估合价（元）
	∠100×8×2240	组	1.000	120	120.00	—	—
	其他材料费			—	120.00	—	0.2
	材料费小计			—	120.00	—	

项目编码	030410003001	项目名称	导线架设	计量单位	km	工程量	

清单综合单价组成明细

定额编号	定额名称	定额单位	数量	单价（元）				合价（元）			
				人工费	材料费	机械费	管理费和利润	人工费	材料费	机械费	管理费和利润
2-612	铝芯电力电缆敷设电缆（截面 mm² 以下）240	100m	2	829.92	668.19	71.20	346.03	1659.84	1336.38	142.40	692.06

续表

定额编号	定额名称	定额单位	数量	单价（元）				合价（元）			
				人工费	材料费	机械费	管理费和利润	人工费	材料费	机械费	管理费利润
2-822	导线跨越（处）电力、公路、通信线	100m/单线	0.03	264.60	143.28	27.80	112.28	7.94	4.30	0.83	3.37
人工单价		小计						1667.78	1340.68	143.24	695.43
技工 55 元/工日 普工 40 元/工日		未计价材料费									
	清单项目综合单价							379235.61			

材料费明细	主要材料名称、规格、型号	单位	数量	单价（元）	合价（元）	暂估单价（元）	暂估合价（元）
	JKLYJ-3×240 铝芯交联聚乙烯绝缘架空电缆 乙	m	200.000	360	72000.00	—	—
	其他材料费			—		—	
	材料费小计			—	72000.00	—	

注：1. 如不使用省级或行业建设主管部门发布的计价依据，可不填定额项目，编号等。
2. 招标文件提供了暂估单价的材料，按暂估的单价填入表内"暂估单价"栏及"暂估合价"栏。

129

表 3-38

第 页 共 页

分部分项工程和单价措施项目清单与计价表

工程名称：某 10kV 架空线路工程　　　标段：

序号	项目编码	项目名称	项目特征描述	计量单位	工程数量	综合单价	合价	暂估价	人工费+机械费
							金额（元）		
									其中
1	030410001001	电杆组立	1. 名称：直线杆 2. 材质：水泥 3. 规格：φ230，15m，埋深 2300mm 4. 类型：单杆 5. 地形：平坦 6. 土质：普通土 7. 底盘、拉盘、卡盘规格：底盘底宽 1.0m 8. 拉线材质、规格、类型：装 X-4.5C 悬式绝缘子	根	3	1887.02	5661.06		521.69
2	030410002001	横担组装	1. 名称：上横担 2. 材质：角钢 3. 规格：∠75×8×1500 4. 瓷瓶型号、规格：高压针式绝缘子 P-20T	组	1	111.22	111.22		9.90

序号	项目编码	项目名称	项目特征描述	计量单位	工程数量	综合单价	金额（元）		其中
							合价	暂估价	人工费＋机械费
3	030410002002	横担组装	1. 名称：下横担 2. 材质：角钢 3. 规格：∠75×8×2240 4. 瓷瓶型号、规格：高压针式绝缘子 P-20T	组	1	121.22	121.22		9.90
4	030410002003	横担组装	1. 名称：耐张横担 2. 材质：角钢 3. 规格：∠100×8×2240 4. 瓷瓶型号、规格：高压针式绝缘子 P-20T	组	4	136.22	544.88		9.90
5	030410003001	导线架设	1. 名称：铝芯交联聚乙烯绝缘架空电缆 2. 型号、规格：JKLYJ-3×240 3. 地形：平坦 4. 跨越类型：公路、通信线路各 1 处	km	0.20	379235.61	75847.12		1811.01

图中括号内数字表示导管水平长度，单位为 m。

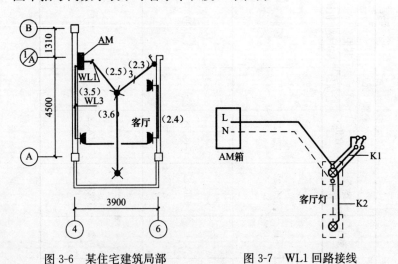

图 3-6　某住宅建筑局部　　　　　图 3-7　WL1 回路接线
　　　照明平面图　　　　　　　　　　　原理示意图

设备图例及详细信息　　　　　　　　表 3-39

序号	图例	名称、型号、规格	备注
1	▬	配电箱 250(h)mm×390mm×140mm	下沿距地 1.8m
2	⌐•	双联单控暗开关 10A、250V	安装高度 1.2m
3	✳	圆球吸顶灯 XD1-11×40W	吸顶
4	◓	安全型二极加三极暗插座	底距地 0.3m

试着识读该工程图进行接线分析，建立配管配线工程的空间
立体图，分析管内穿线情况。

(1) WL1 回路接线分析

(2) 建立配管配线工程空间立体图（见图 3-8、图 3-9）

132

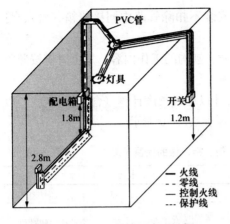

图 3-8　WL1、WL3 回路（局部）
接线立体透视图

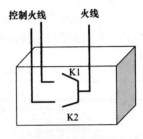

图 3-9　开关接线图

58. 双控开关如何进行接线？怎么分析？

答：双控开关接线如图 3-10 所示。

我们这里一起分析一下双控开关的接线情况，见图 3-10。双控开关的关键是通过灯位盒配管至双控单联开关的管内穿 3 根导线，分别为控制火线 K 和 2 根联络控制火线 SK。每

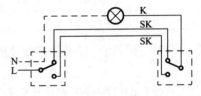

图 3-10　双控开关接线示意图

个双控开关有 3 个接线端子，中间的端子一个接火线 L，另一个接控制火线 K，两边接线端子接 2 个开关的联络控制火线 SK。图中的开关所处的位置表明该灯是点亮的，如扳动任何一个开关均可以熄灭该灯。

59. 配管配线工程量计算规则是什么？如何计算配管配线工程量？

答：（1）配管配线工程量计算规则

1）配管、线槽、桥架按设计图示尺寸以长度计算，以"m"

为计量单位，配管、线槽安装不扣除管路中间接线箱（盒）、灯头盒、开关盒所占长度。

配管安装中不包括凿槽、刨沟的工作内容，发生时应按照附属工程项目要求计算并列项。

2）配线按设计图示尺寸以单线长度计算（含预留长度），以"m"为计量单位。预留长度如表3-40所示。

配线进入箱、柜、板的预留长度   表 3-40

序号	项目	预留长度（m）	说明
1	各种开关箱、柜、板	高＋宽	盘面尺寸
2	单独安装（无箱、盘）的铁壳开关、闸刀开关、启动器、线槽进出线盒等	0.3	从安装对象中心算起
3	由地面管子出口引至动力接线箱	1.0	从管口计算
4	电源与管内导线连接（管内穿线与软、硬母线接点）	1.5	从管口计算
5	出户线	1.5	从管口计算

3）接线箱、接线盒按设计图示数量计算，以"个"为计量单位。

（2）配管配线工程量计算方法

计算要领：配管配线工程量计算，可以从配电箱开始按照各个回路分别进行计算；也可以按照建筑物自然层划分来进行计算；或者按照建筑平面形状特点以及系统图的组成特点分块进行计算。注意一定不要跳着算，这样会发生混乱，容易漏算，进而影响工程量计算的准确性。

配管配线工程量的计算方法：

$L=$水平长度＋垂直长度

1）水平长度用尺量取。当线管沿水平方向敷设时，以施工平面图中的管线走向、敷设部位和设备安装位置的中心点为依据，并借助建筑平面图中所标示的墙、柱等轴线尺寸进行线管长度的计算。如果没有轴线尺寸可以利用时，则用比例尺或直尺直接在平面图上量出线管的长度。对于明敷设和暗敷设的计算方法又不大相同。当线管沿墙明敷设（图上标注为 WS）时，按相关墙面净空长度尺寸计算线管长度。当线管沿墙暗敷设（图上标注为 WC）时，按相关墙轴线尺寸计算线管长度。

2）垂直长度找高差。当线管沿垂直方向敷设时，即沿墙、柱引上或引下时，其工程量计算与楼层高度及箱、柜、盘、板、开关、插座等的安装高度有关，应据其距地高度（或标高）进行计算。不分明敷设还是暗敷设均按图 3-11 进行计算。其计算公式如下：

垂直方向敷设的配管长度＝楼层高度－设备距楼地面安装高度－设备自身高度

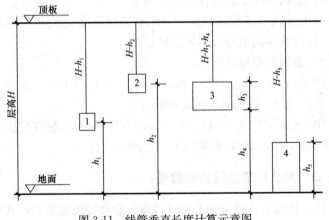

图 3-11　线管垂直长度计算示意图

1—开关；2—插座；3—悬挂嵌入式配电箱；4—落地式配电箱

3）当配管埋地暗配（图上标注为 FC），穿出地面或向墙上插座等设备配管时，按埋地深度和由地面引上至设备的高度进行计算。通常在楼地面埋设深度按 0.1m 考虑，如埋设在底层地面下时通常按 0.3m 考虑；设备落地式安装时，其基础高度按 0.2m 考虑。

4）案例工程量计算

试着计算案例工程中的配管工程量，计算过程如下：

硬质塑料管 PVC20（WL1 回路）：$(2.8-1.8-0.25)+$
$(2.5+2.3+3.6)+(2.8-1.2)=10.75(m)$

硬质塑料管 PVC25（WL3 回路）：[1.8（出箱垂直）+0.1
（板内埋深）+3.5（水平）+0.1（板内埋深）+0.3（插座下沿距地高
度,进插座盒）+0.3（插座下沿距地高度,出插座盒）+0.1（板内埋
深）+3.9（④、⑥轴线间距离）+0.1（板内埋深）+0.3（插座下沿距
地高度,进插座盒）+0.3（插座下沿距地高度,出插座盒）+0.1（板
内埋深）+2.4（水平）+0.1（板内埋深）+0.3（插座下沿距地高度,
进插座盒）]=13.70(m)

（3）管内穿线工程量计算方法

1）管内穿线工程量计算公式如下：

管内穿线单线长度（m）=（配管长度+规定的导线预留长
度）×管内所穿同型号规格导线根数

2）案例工程量计算

BV4mm^2：[2.8-1.8-0.25+2.5+3.6+（0.39+0.25）]×
$2+(2.3+2.8-1.2)×3=26.68(m)$

BV6mm^2：[13.7+（0.39+0.25）]（WL3 回路配管长度）×3
（3 根导线,火线、零线、保护线）=42.38(m)

60. 怎么计算接线盒的数量？

答：接线盒可以分为开关（插座）盒和接线盒两类，其中开
关（插座）盒为方形，接线盒为八角形。计算公式如下：

开关盒的数量=开关数+插座数

接线盒的数量=灯的数量+专用接线盒的数量

接线盒数量的确定方法：

（1）线路出现分支或导线规格改变处应设置接线盒。

（2）水平敷设管路如遇到下列情况之一时，中间应增设接线

盒（拉线盒），且接线盒的安装位置应便于穿线。如不增设接线盒，也可以增大管径。

1）管子长度每超过 30m，无弯曲；

2）管子长度每超过 20m，有 1 个弯曲；

3）管子长度每超过 15m，有 2 个弯曲；

4）管子长度每超过 8m，有 3 个弯曲。

（3）垂直敷设的管路如遇到下列情况之一时，应增设固定导线用的拉线盒：

1）导线截面 50mm² 及其以下，长度每超过 30m；

2）导线截面 70~95mm²，长度每超过 20m；

3）导线截面 120~240mm²，长度每超过 18m。

（4）导管通过建筑物变形缝处应增设接线盒作为补偿装置。

案例工程中，开关盒工程量为 1+3＝4（个），接线盒工程量为 2 个。

61. 如何编制配管配线分部分项工程量清单？

答：配管配线分部分项工程量清单如表 3-41 所示。

分部分项工程和单价措施项目清单与计价表　　表 3-41

工程名称：某室内照明工程　　　　　　标段：　　　　　　　　第　页　共　页

序号	项目编码	项目名称	项目特征描述	计量单位	工程数量	金额（元）			
						综合单价	合价	暂估价	人工费＋机械费
1	030411001001	电气配管	1. 名称：PVC20 2. 材质：阻燃型硬质塑料管 3. 规格：DN20 4. 配置形式：墙内、板内暗设	m	10.75				

序号	项目编码	项目名称	项目特征描述	计量单位	工程数量	金额（元）			
						综合单价	合价	暂估价	人工费＋机械费
2	030411001002	电气配管	1. 名称：PVC25 2. 材质：阻燃型硬质塑料管 3. 规格：DN25 4. 配置形式：墙内、板内暗设	m	13.70				
3	030411004001	电气配线	1. 名称：塑料导线 4mm² 2. 配线形式：管内穿线 3. 型号、规格：BV－4mm² 4. 材质：聚氯乙烯绝缘铜芯导线 5. 配线部位：墙内、板内	m	26.68				
4	030411004002	电气配线	1. 名称：塑料导线 6mm² 2. 配线形式：管内穿线 3. 型号、规格：BV－6mm² 4. 材质：聚氯乙烯绝缘铜芯导线 5. 配线部位：墙内、板内	m	42.38				
5	030411006001	接线盒	1. 名称：开关盒 2. 材质：铁质 3. 规格：86 4. 安装形式：墙内暗装	个	4				

序号	项目编码	项目名称	项目特征描述	计量单位	工程数量	金额（元）			
						综合单价	合价	其中	
								暂估价	人工费＋机械费
6	030411006002	接线盒	1. 名称：接线（灯位）盒 2. 材质：铁质 3. 规格：86 4. 安装形式：墙内暗装	个	2				

 62. 配管配线对应的定额子目有哪些?

答：配管配线定额子目如表 3-42 所示。

配管配线定额子目　　　　表 3-42

项目编码	项目名称	工程内容		套用定额子目
030412001	配管	1. 电线管路敷设	电线管敷设（砖、混凝土结构明、暗配）	2-975～2-986
			电线管敷设（钢结构支架、钢索配管）	2-987～2-996
			钢管敷设（砖、混凝土结构明配）	2-997～2-1007
			钢管敷设（砖、混凝土结构暗配）	2-1008～2-1018
			钢管敷设（钢模板暗配）	2-1019～2-1024
			钢管敷设（钢支架配管）	2-1025～2-1035

项目编码	项目名称	工程内容		套用定额子目
030412001	配管	1. 电线管路敷设	钢管敷设（钢索配管）	2-1036～2-1039
			防爆钢管敷设（砖、混凝土结构明配）	2-1040～2-1048
			防爆钢管敷设（砖、混凝土结构暗配）	2-1049～2-1057
			防爆钢管敷设（钢结构支架配管）	2-1058～2-1066
			防爆钢管敷设（电器照明配管）	2-1067～2-1069
			可挠金属套管敷设（砖、混凝土结构明配）	2-1070～2-1081
			可挠金属套管敷设（吊棚内暗敷设）	2-1082～2-1087
			硬质聚氯乙烯管（砖、混凝土结构明配）	2-1088～2-1096
			硬质聚氯乙烯管（砖、混凝土结构暗配）	2-1097～2-1105
			硬质聚氯乙烯管（钢索配管）	2-1106～2-1109
			刚性阻燃管敷设（砖、混凝土结构明配）	2-1110～2-1116
			刚性阻燃管敷设（吊棚内暗敷设）	2-1117～2-1130
			半硬质阻燃管暗敷设	2-1131～2-1142
			半硬质阻燃管埋地敷设	2-1143～2-1150
			金属软管敷设	2-1151～2-1168
		2. 钢索架设（拉紧装置安装）	钢索架设	2-1345～2-1348
			拉紧装置制作安装	2-1351～2-1353
		3. 预留沟槽		

140

项目编码	项目名称	工程内容		套用定额子目
030412002	线槽	1. 本体安装		2-1337～2-1344
		2. 补刷（喷）油漆		2-364
030412003	桥架	1. 本体安装	钢制桥架	2-542～2-562
			玻璃钢桥架	2-563～2-576
			铝合金桥架	2-577～2-590
			组合式桥架及桥架支撑架	2-591～2-592
		2. 接地		
030412004	配线	1. 配线	瓷夹板配线（木结构）	2-1227～2-1232
			瓷夹板配线（砖、混凝土结构）	2-1233～2-1238
			瓷夹板配线（砖、混凝土结构粘结）	2-1239～2-1242
			塑料夹板配线	2-1243～2-1250
			鼓形绝缘子配线（木结构、顶棚内及砖、混凝土结构）	2-1251～2-1256
			鼓形绝缘子配线（沿钢支架及钢索）	2-1257～2-1260
			针式绝缘子配线（沿屋架、梁、柱、墙）	2-1261～2-1267
			针式绝缘子配线（跨屋架、梁、墙）	2-1268～2-1274
			蝶式绝缘子配线（沿屋架、梁、柱墙）	2-1275～2-1281
			蝶式绝缘子配线（跨屋架、梁、柱）	2-1282～2-1288
			木槽板配线（木结构）	2-1289～2-1296
			木槽板配线（砖、混凝土结构）	2-1297～2-1304
			塑料槽板配线	2-1305～2-1312
			塑料护套线明敷设（木结构）	2-1313～2-1318

项目编码	项目名称	工程内容			套用定额子目
030412004	配线	1. 配线		塑料护套线明敷设（砖、混凝土结构）	2-1319～2-1324
				塑料护套线明敷设（沿钢索）	2-1325～2-1330
				塑料护套线明敷设（砖、混凝土结构粘结）	2-1331～2-1336
			管内穿线	照明线路	2-1169～2-1173
				动力线路（铝芯）	2-1174～2-1187
				动力线路（铜芯）	2-1188～2-1210
				补偿导线、多芯软导线	2-1211～2-1226
		2. 钢索架设（拉紧装置安装）		钢索架设	2-1345～2-1348
				拉紧装置制作安装	2-1349～2-1353
		3. 支持体（夹板、绝缘子、槽板等）安装			
030412005	接线箱	本体安装			2-1373～2-1376
030412006	接线盒				2-1377～2-1381

63. 如何用定额计价法计算配管配线分部分项工程费？

答：用定额计价法计算配管配线分部分项工程费如表 3-43 所示。

64. 如何用工程量清单计价法计算配管配线分部分项工程费？

答：（1）计算综合单价（见表 3-44）

（2）计算分部分项工程费（见表 3-45）

65. 配管配线定额套用有哪些相关规定及注意事项？

答：（1）灯具，明、暗开关，插座、按钮等的预留线，已分别综合在相应子目内，不再另行计算。

工程名称：某室内照明工程

分部分项工程费计算表

表 3-43

第 页 共 页

序号	定额编号	子目名称	工程量		主材/设备		单价（元）					合价	总价（元）		
			单位	数量	单价	损耗	基价	人工费	材料费	机械费	主材/设备费		其中		
														人工费	机械费
1	2-1098	硬质聚氯乙烯管砖、混凝土结构暗配，公称口径20mm以内	100m	0.1075	3.45	106.07	188.62	168.08	5.48	15.06	39.34	20.28		18.07	1.62
2	2-1099	硬质聚氯乙烯管砖、混凝土结构暗配，公称口径25mm以内	100m	0.137	3.6	106.42	265.42	237.19	5.64	22.59	52.49	36.36		32.50	3.09
3	2-1173	管内穿线照明线路铜芯导线截面4mm²以内	100m 单线	0.2668	2.88	110	37.62	24.65	12.97		84.52	10.04		6.58	0.00

续表

序号	定额编号	子目名称	工程量		主材/设备		单价（元）				总价（元）			
			单位	数量	单价	损耗	基价	人工费	其中 材料费	机械费	主材/设备费	合价	其中 人工费	机械费
4	2-1200	管内穿线动力线路铜芯导线截面 6mm² 以内	100m 单线	0.4238	4.8	105	41.18	28.21	12.97		213.60	17.45	11.96	0.00
5	2-1377	接线盒安装、暗装接线盒	10 个	0.2	2.3	10.2	48.62	15.85	32.77		4.69	9.72	3.17	0.00
6	2-1378	接线盒安装、暗装开关盒	10 个	0.4	1.85	10.2	32.07	16.91	15.16		7.55	12.83	6.76	0.00
		小计									402.18	106.68	79.03	4.71

注：塑料导线 6mm² 及以上线路套用动力线路定额。

工程名称：某室内照明工程　　　　　标段：　　　　　第　页　共　页

项目编码	030411001001	项目名称	电气配管	计量单位	m	工程量	10.75

清单综合单价组成明细

定额编号	定额名称	定额单位	数量	单价（元）				合价（元）			
				人工费	材料费	机械费	管理费和利润	人工费	材料费	机械费	管理费和利润
2-1098	硬质聚氯乙烯管砖、混凝土结构暗配，公称口径20mm以内	100m	0.1075	168.08	5.48	15.06	70.33	18.07	0.59	1.62	7.56
							0.00	0.00	0.00	0.00	0.00
人工单价		小计						18.07	0.59	1.62	7.56
技工55元/工日		未计价材料费						39.34			
普工40元/工日											
清单项目综合单价								6.25			

材料费明细	主要材料名称、规格、型号	单位	数量	单价（元）	合价（元）	暂估单价（元）	暂估合价（元）
	PVC20	m	11.403	3.45	39.34		
					0.00		
	其他材料费			—		—	
	材料费小计			—	39.34	—	

项目编码	030411001002		项目名称	电气配管	计量单位	m	工程量	13.70
清单综合单价组成明细								

定额编号	定额名称	定额单位	数量	单价（元）				合价（元）			
				人工费	材料费	机械费	管理费和利润	人工费	材料费	机械费	管理费和利润
2-1099	硬质聚氯乙烯管砖、混凝土结构暗配，公称口径25mm以内	100m	0.137	237.19	5.64	22.59	99.76	32.50	0.77	3.09	13.67
							0.00	0.00	0.00	0.00	0.00
人工单价		小计						32.50	0.77	3.09	13.67
技工 55 元/工日		未计价材料费						52.49			
普工 40 元/工日											
清单项目综合单价								7.48			

材料费明细	主要材料名称、规格、型号	单位	数量	单价（元）	合价（元）	暂估单价（元）	暂估合价（元）
	PVC25	m	14.580	3.6	52.49		
					0.00		
	其他材料费			—		—	
	材料费小计			—	52.49	—	

146

项目编码	030411004001	项目名称	电气配线	计量单位	m	工程量	26.68

清单综合单价组成明细

定额编号	定额名称	定额单位	数量	单价（元）				合价（元）			
				人工费	材料费	机械费	管理费和利润	人工费	材料费	机械费	管理费和利润
2-1173	管内穿线照明线路铜芯导线截面4mm²以内	100m单线	0.2668	24.65	12.97	0.00	9.47	6.58	3.46	0.00	2.53
								0.00	0.00	0.00	0.00
人工单价		小计						6.58	3.46	0.00	2.53
技工 55 元/工日 普工 40 元/工日		未计价材料费						84.52			
清单项目综合单价								3.64			

材料费明细	主要材料名称、规格、型号	单位	数量	单价（元）	合价（元）	暂估单价（元）	暂估合价（元）
	BV-4mm²	m	29.348	2.88	84.52		
					0.00		
	其他材料费			—		—	
	材料费小计			—	84.52	—	

147

项目编码	030411004002	项目名称	电气配线	计量单位	m	工程量	42.38

清单综合单价组成明细

定额编号	定额名称	定额单位	数量	单价（元）				合价（元）			
				人工费	材料费	机械费	管理费和利润	人工费	材料费	机械费	管理费和利润
2-1200	管内穿线动力线路铜芯导线截面6mm²以内	100m单线	0.4238	28.21	12.97	0.00	10.83	11.96	5.50	0.00	4.59
								0.00	0.00	0.00	0.00	0.00
人工单价		小计						11.96	5.50	0.00	4.59
技工 55元/工日		未计价材料费						213.60			
普工 40元/工日											
清单项目综合单价								5.56			

	主要材料名称、规格、型号	单位	数量	单价（元）	合价（元）	暂估单价（元）	暂估合价（元）
材料费明细	BV-6mm²	m	44.499	4.8	213.60		
					0.00		
	其他材料费			—		—	
	材料费小计			—	213.60	—	

148

项目编码	030411006001	项目名称	接线盒	计量单位	个	工程量	4

清单综合单价组成明细

定额编号	定额名称	定额单位	数量	单价（元）				合价（元）			
				人工费	材料费	机械费	管理费和利润	人工费	材料费	机械费	管理费和利润
2-1378	接线盒安装，暗装，开关盒	10个	0.4	16.91	15.16	0.00	6.49	6.76	6.06	0.00	2.60
							0.00	0.00	0.00	0.00	0.00
人工单价		小计						6.76	6.06	0.00	2.60
技工 55 元/工日	未计价材料费							7.55			
普工 40 元/工日											
清单项目综合单价								5.74			

材料费明细	主要材料名称、规格、型号	单位	数量	单价（元）	合价（元）	暂估单价（元）	暂估合价（元）
	开关盒86	个	4.080	1.85	7.55		
					0.00		
	其他材料费			—		—	
	材料费小计			—	7.55	—	

项目编码	030411006002	项目名称	接线盒	计量单位	个	工程量	2

清单综合单价组成明细

定额编号	定额名称	定额单位	数量	单价（元）				合价（元）			
				人工费	材料费	机械费	管理费和利润	人工费	材料费	机械费	管理费和利润
2-1377	接线盒安装，暗装，接线盒	10个	0.2	15.85	32.77	0.00	6.09	3.17	6.55	0.00	1.22
								0.00	0.00	0.00	0.00	0.00
人工单价		小计						3.17	6.55	0.00	1.22
技工 55元/工日		未计价材料费						4.69			
普工 40元/工日											
清单项目综合单价								7.82			

材料费明细	主要材料名称、规格、型号	单位	数量	单价（元）	合价（元）	暂估单价（元）	暂估合价（元）
	开关盒86	个	2.040	2.3	4.69		
					0.00		
	其他材料费			—		—	
	材料费小计			—	4.69	—	

注：1. 如不使用省级或行业建设主管部门发布的计价依据，可不填定额项目、编号等。

2. 招标文件提供了暂估单价的材料，按暂估的单价填入表内"暂估单价"栏及"暂估合价"栏。

分部分项工程和单价措施项目清单与计价表　　表 3-45

序号	项目编码	项目名称	项目特征描述	计量单位	工程数量	金额（元）			
						综合单价	合价	暂估价	人工费＋机械费
1	030411001001	电气配管	1. 名 称：PVC20 2. 材质：阻燃型硬质塑料管 3. 规格：DN20 4. 配置形式：墙内、板内暗设	m	10.75	6.25	67.19		19.69
2	030411001002	电气配管	1. 名称：PVC25 2. 材质：阻燃型硬质塑料管 3. 规格：DN25 4. 配置形式：墙内、板内暗设	m	13.70	7.48	102.48		35.59
3	030411004001	电气配线	1. 名称：塑料导线 $4mm^2$ 2. 配线形式：管内穿线 3. 型号、规格：$BV-4mm^2$ 4. 材质：聚氯乙烯绝缘铜芯导线 5. 配线部位：墙内、板内	m	26.68	3.64	97.12		6.58

序号	项目编码	项目名称	项目特征描述	计量单位	工程数量	金额（元）			
						综合单价	合价	暂估价	人工费＋机械费
								其中	
4	030411004002	电气配线	1. 名称：塑料导线 6mm² 2. 配线形式：管内穿线 3. 型号、规格：BV－6mm² 4. 材质：聚氯乙烯绝缘铜芯导线 5. 配线部位：墙内、板内	m	42.38	5.56	235.63		11.96
5	030411006001	接线盒	1. 名称：开关盒 2. 材质：铁质 3. 规格：86 4. 安装形式：墙内暗装	个	4	5.74	22.96		6.76
6	030411006002	接线盒	1. 名称：接线（灯位）盒 2. 材质：铁质 3. 规格：86 4. 安装形式：墙内暗装	个	2	7.82	15.64		3.17

（2）钢索架设及接紧装置的制作、安装，插接式母线槽支架制作，槽架制作及配管支架应执行铁构件制作定额。

（3）照明线路中的导线截面积大于或等于 6mm² 时，应执行动力线路穿线相应项目。

（4）桥架安装项目

1）桥架安装包括运输、组对、吊装、固定；弯通或三、四通修改、制作组对；切割口防腐，桥架开孔、上管件、隔板安装、盖板安装、接地、附件安装等工作内容。

2）桥架支撑架定额适用于立柱、托臂及其他各种支撑架的安装。定额中已综合考虑了采用螺栓、焊接和膨胀螺栓三种固定方式，实际施工中，不论采用何种固定方式，定额均不作调整。

3）玻璃钢梯式桥架和铝合金梯式桥架定额均按不带盖板考虑，如果这两种桥架带盖，则分别执行玻璃钢槽式桥架和铝合金槽式桥架定额。

4）钢制桥架主结构设计厚度大于 3mm 时，定额人工、机械乘以系数 1.2。

5）不锈钢桥架按钢制桥架定额乘以系数 1.1。

66. 普通灯具、工厂灯、高度标志（障碍）灯、装饰灯、医疗专用灯具体包括哪些种类？中杆灯和高杆灯的区别是什么？

答：（1）普通灯具包括圆球吸顶灯、半圆球吸顶灯、方形吸顶灯、软线吊灯、座灯头、吊链灯、防水吊灯、壁灯等。

（2）工厂灯包括工厂罩灯、防水灯、防尘灯、碘钨灯、投光灯、泛光灯、混光灯、密闭灯等。

（3）高度标志（障碍）灯包括烟囱标志灯、高塔标志灯、高层建筑屋顶障碍指示灯等。

（4）装饰灯包括吊式艺术装饰灯、吸顶式艺术装饰灯、荧光艺术装饰灯、几何型组合艺术装饰灯、标志灯、诱导装饰灯、水下（上）艺术装饰灯、点光源艺术灯、歌舞厅灯具、草坪灯具等。

（5）医疗专用灯包括病房指示灯、病房暗脚灯、紫外线杀菌灯、无影灯等。

（6）中杆灯与高杆灯的区别：安装高度小于或等于 19m 的

灯杆上的照明器具属于中杆灯，安装高度大于 19m 的灯杆上的照明器具属于高杆灯。

67. 如何计算照明器具安装工程量？如何编制照明器具安装分部分项工程量清单？

答：（1）工程量计算规则

照明器具安装按设计图示数量计算，以"套"为计量单位。

（2）计算方法

采用图纸点数法。配管配线工程室内照明工程案例工程量计算如下：

普通圆球吸顶灯　　2 套

（3）分部分项工程量清单编制（见表 3-46）

分部分项工程和单价措施项目清单与计价表　　表 3-46

工程名称：某室内照明工程　　　　标段：　　　　　第　页　共　页

序号	项目编码	项目名称	项目特征描述	计量单位	工程数量	综合单价	合价	暂估价	人工费+机械费
						金额（元）			
								其中	
1	03041200001	普通吸顶灯安装	1. 名称：圆球吸顶灯 2. 型号、规格：XD1-11×40W	套	2				

68. 照明器具安装定额套用的相关规定有哪些？

答：（1）各型灯具的引导线，除注明者外，均已综合考虑在定额内，执行时不得换算。

（2）路灯、投光灯、碘钨灯、氙气灯、烟囱或水塔指示灯，均已考虑了一般工程的高空作业因素，其他器具安装高度如超过

5m，则应按册说明中规定的超高系数另行计算。

（3）定额中装饰灯具项目均已考虑一般工程的超高作业因素，并包括脚手架搭拆费用。

（4）装饰灯具定额项目与示意图号配套使用。

（5）定额内已包括用摇表测量绝缘及一般灯具的试亮工作（但不包括调试工作）。

69. 附属工程包括哪些内容？铁构件的适用范围有哪些？如何区分一般铁构件和轻型铁构件？

答：（1）附属工程包括铁构件、凿（压）槽、打洞（孔）、管道包封、人（手）孔砌筑和人（手）孔防水等内容。铁构件主要工作内容为铁构件的制作、安装和补刷（喷）油漆；凿（压）槽、打洞（孔）工作内容为开槽（孔、洞）、恢复处理；管道包封工作内容为灌注、养护；人（手）孔砌筑的工作内容为砌筑；人（手）孔防水的工作内容为防水。

（2）铁构件适用于电气工程的各种支架、铁构件的制作安装。定额内不含镀锌、镀锡、镀铬、喷塑等其他金属保护费用，发生时应另行计算。

（3）一般铁构件和轻型铁构件的划分标准

铁构件是按照型钢结构厚度大小来划分的，结构厚度在3mm以上的是一般铁构件，结构厚度在3mm以下的是轻型铁构件。

70. 铁构件制作安装工程量如何计算？套用哪个定额子目？

答：铁构件制作安装工程量按设计图示尺寸以质量计算，以"kg"为计量单位。

一般铁构件制作安装套用定额 2-358～2-359 子目，轻型铁构件制作安装套用定额 2-360～2-361 子目。

各种铁构件制作，均不包括镀锌、镀锡、镀铬、喷塑等其他金属防护费用，发生时应另行计算。

71. 电气调试系统的划分依据是什么？单独计算调试费用时如何进行分摊？

答：电气调试系统的划分以电气原理系统图为依据，在系统调试项目中各工序的调试费用如需单独计算时，可按表 3-47 所列比例计算。

电气调试系统各工序的调试费用　　　　　　表 3-47

项目 工序	发电机调相机系统	变压器系统	送配电设备系统	电动机系统
一次设备本体试验	30	30	40	30
附属高压二次设备试验	20	30	20	30
一次电流及二次回路检查	20	20	20	20
继电器及仪表试验	30	20	20	20

电气调试所需的电力消耗已包括在估价表内，一般不另行计算。但 10kW 以上电机及发电机的启动调试费用的蒸汽、电力和其他动力能源消耗及变压器空载试运转的电力消耗，另行计算。

72. 送配电装置系统调试都考虑了哪些内容？应如何计算？

答：送配电设备调试中的 1kV 以下定额适用于所有低压供电回路，如从低压配电装置至分配电箱的供电回路；但从配电箱直接至电动机的供电回路已包括在电动机的系统调试定额内。

（1）送配电设备系统调试的规定

1）供电桥回路的断路器、母线分段断路器，皆作为独立的供电系统计算调试费。

2）送配电设备系统调试，定额皆按一个系统一侧配一台断路器考虑的；若两侧皆有断路器时，则按两个系统计算。

3）送配电设备系统调试，适用于各种供电回路（包括照明供电回路）的系统调试。凡供电回路中带有仪表、继电器、电磁开关等调试元件的（不包括闸刀开关、保险器），均按调试系统计算。移动式电器和以插座连接的家电设备已经厂家调试合格、不需要用户自调的设备均不应计算调试费用。

4）如果分配电箱内只有刀开关、熔断器等不含调试元件的供电回路，则不再作为调试系统计算。

（2）一般的住宅、学校、办公楼、旅馆、商店等民用电气工程的供电调试按下列规定执行：

1）配电室内带有调试元件的盘、箱、柜和带有调试元件的照明主配电箱，应按供电方式执行相应的"配电设备系统调试"子目。

2）每个用户房间的配电箱（板）上虽装有电磁开关等调试元件，但如果生产厂家已按固定的常规参数调整好，不需要安装单位进行调试就可直接投入使用的，不得计取调试费用。

3）民用电度表的调整校验属于供电部门的专业管理，一般皆由用户向供电局订购调试完毕的电度表，不得另外计算调试费用。

73. 变压器系统与特殊保护装置调试考虑了哪些内容？应如何计算？

答：（1）变压器系统调试的规定

1）以每个电压侧有一台断路器为准，多于一个断路器的按相应电压等级送配电设备系统调试的相应项目另行计算。

2）干式变压器，执行相应容量变压器调试子目乘以系数0.8。

3）电力变压器如有"带负荷调压装置"，调试定额乘以系数1.12。三卷变压器、整流变压器、电炉变压器调试按同容量的电力变压器调试定额乘以系数1.2。3～10kV母线系统调试含一组电压互感器，1kV以下母线系统调试定额不含电压互感器，适用于低压配电装置的各种母线（包括软母线）的调试。

（2）特殊保护装置的规定

特殊保护装置均以构成一个保护回路为一套，其工程量计算规定如下：

1）电机转子接地保护，按全厂发电机共用一套考虑。

2）距离保护，按设计规定所保护的送电线路断路器台数计算。

3）高频保护，按设计规定所保护的送电线路断路器台数计算。

4）零序保护，按发电机、变压器、电动机的台数或送电线路断路器的台数计算。

5）故障录波器的调试，以一块屏为一套系统计算。

6）失灵保护，按设置该保护的断路器台数计算。

7）失磁保护，按所保护的电机台数计算。

8）变流器的断流保护，按变流器台数计算。

9）小电流接地保护，按装设该保护的供电回路断路器台数计算。

10）保护检查及打印机调试，按构成该系统的完整回路为一套计算。

74. 自动装置及信号系统调试考虑了哪些内容？应如何计算？

答：自动装置及信号系统调试均包括继电器、仪表等元件本身和二次回路的调整试验，具体规定如下：

（1）备用电源自动投入装置，按连锁机构的个数确定备用电源自投装置系统数。一个备用厂用变压器，作为三段厂用工作母线备用的厂用电源，计算备用电源自动投入装置调试时，应为三个系统。装设自动投入装置的两条互为备用的线路或两台变压器，计算备用电源自动投入装置调试时，应为两个系统。备用电动机自动投入装置亦按此计算。

（2）线路自动重合闸调试系统，按采用自动重合闸装置的线路自动断路器的台数计算系统数。

（3）自动调频装置的调试，以一台发电机为一个系统。

（4）同期装置调试，按设计构成一套能完成同期并车行为的装置为一个系统计算。

（5）蓄电池及直流监视系统调试，一组蓄电池按一个系统计算。

（6）周波减负荷装置调试，凡有一个周率继电器，不论带几个回路，均按一个调试系统计算。

（7）变送屏以屏的个数计算。

（8）中央信号装置调试，按每一个变电所或配电室为一个调试系统计算工程量。

（9）事故照明切换装置调试，按设计能完成交直流切换的一套装置为一个调试系统计算。

75. 接地装置调试考虑了哪些内容？应如何计算？

答：接地网的调试规定如下：

（1）接地网接地电阻的测定。一般的发电厂或变电站连为一个母网，按一个系统计算；自成母网不与厂区母网相连的独立接地网，另按一个系统计算，虽然最后也将各接地网连在一起，但应按各自的接地网计算，不能作为一个网，具体应按接地网的试验情况而定。

（2）避雷针接地电阻的测定。每一个避雷针有单独接地网（包括独立的避雷针、烟囱避雷针等）时，均按一组计算。

（3）独立的接地装置按组计算。如一台柱上变器压有一个独立的接地装置，即按一组计算。

76. 避雷器、电容器、高压电气除尘系统、硅整流装置调试考虑了哪些内容？应如何计算？

答：（1）避雷器、电容器的调试，按每三相为一组计算；单个装设的亦按一组计算，上述设备如设置在发电机、变压器、输配电线路的系统或回路中，仍应按相应项目另外计算调试费用。

（2）高压电气除尘系统调试，按一台升压变压器、一台机械整流器及附属设备为一个系统计算，分别按除尘器面积范围执行估价表。

（3）硅整流装置调试，按一套硅整流装置为一个系统计算。

77. 电气调试定额的相关规定有哪些？

答：（1）成套设备的整套启动调试按专业定额另行计算。主要设备的分系统内所含的电气设备元件的本体试验已包括在该分系统调试定额之内。如：变压器的系统调试中已包括该系统中的变压器、互感器、开关、仪表和继电器等一、二次设备的本体调试和回路试验。绝缘子和电缆等单体试验，只在单独试验时使用，不得重复计算。

（2）调试仪表使用费系按"台班"形式表示的，与《全国统一安装工程施工仪器仪表台班费用定额》配套使用。

（3）起重机电气装置、空调电气装置、各种机械设备的电气装置，如堆取料机、装料车、推煤车等成套设备的电气调试应分别按相应的分项调试定额执行。

（4）定额不包括设备的烘干处理和设备本身缺陷造成的元件更换修理和修改，亦未考虑因设备元件质量低劣对调试工作造成的影响。定额系按新的合格设备考虑的，如遇以上情况时，应另行计算。经修配改或拆迁的旧设备调试，定额乘以系数 1.1。

（5）只限电气设备自身系统的调整试验，未包括电气设备带动机械设备的试运工作，发生时应按专业定额另行计算。

（6）调试定额不包括试验设备、仪器仪表的场外转移费用。

（7）本调试定额系按现行施工技术验收规范编制的，凡现行规范（指定额编制时的规范）未包括的新调试项目和调试内容均应另行计算。

（8）调试定额已包括熟悉资料、核对设备、填写试验记录、保护整定值的整定和调试报告的整理工作。

78. 第二册《电气设备安装工程》定额的适用范围有哪些？包含哪些工序内容？如何计算电气设备安装工程脚手架搭拆费、超高增加费、高层建筑增加费？安装与生产同时进行及在有害人身健康的环境中施工时如何考虑？

答：(1) 适用范围

第二册《电气设备安装工程》定额适用于工业与民用新建、扩建工程中 10kV 以下变配电设备及线路安装工程、车间动力电气设备及电气照明器具、防雷及接地装置安装、配管配线、电梯电气装置、电气调整试验等的安装工程。

(2) 包含的工序内容

第二册《电气设备安装工程》定额的工作内容除各章节说明的工序外，还包括：施工准备，设备器材工器具的场内搬运，开箱检查，安装，调整试验，收尾，清理，配合质量检验，工种间交叉配合，临时移动水、电源的停歇时间。

(3) 脚手架搭拆费的计算方法

脚手架搭拆费（10kV 以下架空线路除外）按人工费的 4% 计算，其中人工工资占 25%。

(4) 电气工程超高增加费的计算方法

电气工程超高增加费（已考虑了超高因素的定额项目除外），定额中按照操作高度 5m 为界进行测算的，如操作物高度离楼地面 5m 以上、20m 以下的电气安装工程，按超高部分人工费的 33% 计算。

例：某建筑层高 6m，电气设备安装工程定额人工费为 20000 元，其中安装高度超过 5m 工程量的人工费为 1000 元，则该工程的超高增加费为 $1000 \times 33\% = 330$ 元。

(5) 高层建筑增加费的计算依据与方法

1) 单层建筑物檐口高度超过 20m，多层建筑物超过 6 层时。

2) 突出主体建筑物顶的电梯机房、楼梯出口间、水箱间、瞭望塔、排烟机房等不计入檐口高度。计算层数时，地下室不计入层数。

3）为高层建筑供电的变电所和供水等动力工程，如装在高层建筑的底层或地下室的，均不计取高层建筑增加费。装在 6 层以上的变配电工程和动力工程则同样计取高层建筑增加费。

4）高层建筑增加费按表 3-48 计算（其中全部为人工工资）。

高层建筑增加费计算表　　　　　　表 3-48

层数	9 层以下 （30m）	12 层 以下 （40m）	15 层 以下 （50m）	18 层 以下 （60m）	21 层 以下 （70m）	24 层 以下 （80m）	27 层 以下 （90m）	30 层 以下 （100m）	33 层 以下 （110m）
按人工 费的%	1	2	4	6	8	10	13	16	19
层数	36 层 以下 （120m）	39 层 以下 （130m）	42 层 以下 （140m）	45 层 以下 （150m）	48 层 以下 （160m）	51 层 以下 （170m）	54 层 以下 （180m）	57 层 以下 （190m）	60 层 以下 （200m）
按人工 费的%	22	25	28	31	34	37	40	43	46

例：某建筑高度为 8 层，已计算出电气设备安装工程定额人工费为 20000 元。按照规定在计算电气设备安装工程造价时应该计算高层建筑增加费。按照表 3-48 可知，属于 9 层以下，取人工费的 1％，即该工程高层建筑增加费为 20000×1％＝200 元。

（6）安装与生产同时进行时，安装工程的总人工费增加 10％，全部为因降效而增加的人工费（不含其他费用）。

（7）在有害人身健康的环境（包括高温、多尘、噪声超过标准和有害气体等有害环境）中施工时，安装工程的总人工费增加 10％，全部为因降效而增加的人工费（不含其他费用）。

79. 电气设备安装工程需要借用预算定额子目及系数计算的内容有哪些？如何规定的？

答：（1）变压器与母线部分

1）自耦式变压器、带负荷调压变压器及并联电抗器的安装套用油浸电力变压器安装定额相应子目。电炉变压器按同容量电力变压器定额乘以系数 2.0、整流变压器按同容量电力变压器定额乘以系数 1.60 进行换算。

2）变压器的器身检查相关规定：4000kVA 以下是按吊芯检查考虑的，4000kVA 以上是按吊钟罩考虑的，如果 4000kVA 以上的变压器需吊芯检查时，定额机械台班乘以系数 2.0。

3）对于干式变压器安装，如果带有保护外罩时，人工和机械乘以系数 1.2。

4）整流变压器、消弧线圈、并联电抗器的干燥，按同容量变压器干燥相应定额执行，电炉变压器按同容量变压器干燥定额乘以系数 2.0。

5）软母线安装定额是按单串绝缘子考虑的，如设计为双串绝缘子，其定额人工乘以系数 1.08。

6）高压共箱母线和低压封闭式插接母线槽均按制造厂供应的成品考虑，定额只包含现场安装。封闭式插接母线槽在竖井内安装时，人工和机械乘以系数 2.0。

（2）电缆部分

1）电缆在一般山地、丘陵地区敷设时，其定额人工乘以系数 1.3。该地段所需的施工材料如固定桩、夹具等按实另行计算。

2）电力电缆头定额均按铝芯电缆考虑的，铜芯电力电缆头按同截面电缆头定额乘以系数 1.2，双屏蔽电缆头制作安装人工乘以系数 1.05。

3）电力电缆敷设定额均按三芯（包括三芯连地）考虑的，五芯电力电缆敷设定额乘以系数 1.3；六芯电力电缆乘以系数 1.6，每增加一芯定额增加 30%，以此类推。单芯电力电缆敷设按同截面电缆定额乘以 0.67。截面 400～800mm² 的单芯电力电缆敷设按 400mm² 电力电缆定额执行。240mm² 以上的电缆头的接线端子为异型端子，需要单独加工，应按实际加工价计算（或调整定额价格）。

4）钢制桥架主结构设计厚度大于 3mm 时，定额人工、机械乘以系数 1.2。

5）不锈钢桥架按本章钢制桥架定额乘以系数 1.1。

（3）10kV 架空线路部分

1）10kV 架空线路定额按平地施工条件考虑，如在其他地形条件下施工时，其人工和机械按表 3-31 地形系数予以调整。

2）预算编制中，全线地形分几种类型时，可按各种类型长度所占百分比求出综合系数进行计算。

3）线路一次施工工程量按 5 根以上电杆考虑，如 5 根以内者，其全部人工、机械乘以系数 1.3。

4）如果出现钢管杆的组立，按同高度混凝土杆组立的人工、机械乘以系数 1.4，材料不调整。

（4）调整试验部分

1）经修配改或拆迁的旧设备调试，定额乘以系数 1.1。

2）电力变压器如有"带负荷调压装置"，调试定额乘以系数 1.12。

第四章　水暖等管道安装工程计量与计价

1.《全国统一安装工程预算定额》第八册《给排水、采暖、燃气工程》的适用范围有哪些？不包括哪些与给排水、采暖、燃气工程有关的内容？

答：（1）适用范围

适用于新建、扩建和整体更新改造的工业与民用建筑的生活用给排水、采暖、燃气管道系统中的管道、附件、配件、器具及附属设备安装等。

（2）不包括以下内容，应使用其他专业安装工程预算定额

1）工业管道、生产生活共用的管道，锅炉房、泵房、站类管道以及高层建筑物内的加压泵间、空调制冷机房、消防泵房的管道，管道热处理、无损探伤，医疗气体管道及附件使用《工业管道工程》相应项目。

2）消防工程中的自动喷淋、气体灭火系统使用《消防工程》相应项目。

3）泵类、风机等传动设备安装使用《机械设备安装工程》相应项目。

4）压力表、温度计等使用《自动化控制仪表安装工程》相应项目。

5）刷油、防腐蚀、绝热工程使用《刷油、防腐蚀、绝热工程》相应项目。

6）凿槽（沟）、打洞项目使用《电气设备安装工程》相应项目。

7）整体更新改造项目中的管道拆除内容使用修缮工程定额。

8）凡涉及管沟、基坑及井类的土方开挖、回填、运输、垫层、基础、砌筑、地沟盖板预制安装、路面开挖及修复、管道混凝土支墩的项目，执行《房屋建筑与装饰工程消耗量标准》和《市政工程消耗量标准》相应项目。

2. 给排水、采暖、燃气工程管道与市政管网工程的界限如何划分？给排水、采暖、燃气工程管道室内外界限是如何划分的？室内管道与卫生器具连接的分界线确定方法是什么？

答：（1）与市政管网工程的界限划分

1）给水、采暖管道以与市政管道碰头点或以计量表（阀门）（井）为界。

2）室外排水管道以与市政管道碰头井为界。

3）燃气管道以与市政管道碰头点或以调压装置（站）出口为界。

（2）室内外界限划分

1）给水管道室内外界限划分：以建筑物外墙皮 1.5m 为界，入口处设阀门者以阀门为界。

2）排水管道室内外界限划分：以出户第一个排水检查井为界。

3）采暖管道室内外界限划分：以建筑物外墙皮 1.5m 为界，入口处设阀门者以阀门为界。

4）燃气管道室内外界限划分：地下引入室内的管道以室内第一个阀门为界，地上引入室内的管道以墙外三通为界。

（3）室内管道与卫生器具连接的分界线确定方法

1）给水管道工程量通常计算至卫生器具前与管道连通的第一个阀门止。

2）排水管道工程量计算至卫生器具的存水弯出口止，与带有存水弯的大便器连接的管道工程量计算至柔性连接头为止，排水管道不扣除地漏所占长度。可以用这样一种通俗的办法来理解，若卫生器具的存水弯在楼面以上，分界线以标注或楼面为准；若卫生器具的存水弯在楼面以下，分界线以排水横管与存水弯接头为准。

3）阀门、存水弯出口等安装高度需要查询图纸指定的标准图集相关信息。

3. 给排水、采暖、燃气管道有哪些种类及适用范围是什么？可以用来输送哪些介质？安装部位指的是什么？室外管道碰头有哪些规定？压力试验和吹、洗的内容有哪些？

答：（1）种类及适用范围

给排水、采暖、燃气管道主要包括镀锌钢管、钢管、不锈钢管、铜管、铸铁管、塑料管、复合管、直埋式预制保温管、承插陶瓷缸瓦管、承插水泥管、室外管道碰头等。

其中，铸铁管安装适用于承插铸铁管、球墨铸铁管、柔性抗震铸铁管等。塑料管安装适用于 UPVC、PVC、PP-C、PP-R、PE、PB 管等塑料管材。复合管安装适用于钢塑复合管、铝塑复合管、钢骨架复合管等复合型管道。直埋保温管包括直埋保温管件安装及接口保温。

（2）可以用来输送的主要介质

输送介质包括给水、排水、中水、雨水、热媒体、燃气、空调水等。

（3）安装部位的含义

安装部位是指管道安装在室内还是室外。

（4）室外管道碰头

1）适用于新建或扩建工程热源、水源、气源管道与原（旧）有管道碰头；

2）室外管道碰头包括挖工作坑、土方回填或暖气沟局部拆除及修复；

3）带介质管道碰头包括开关闸、临时放水管线铺设等费用；

4）热源管道碰头每处包括供、回水两个接口；

5）碰头形式指带介质碰头、不带介质碰头。

（5）压力试验主要包括水压试验、气压试验、泄漏性试验、闭水试验、通球试验、真空试验等。

（6）吹、洗的具体内容主要指水冲洗、消毒冲洗、空气吹扫等。

4. 给排水、采暖、燃气管道工程量清单项目设置内容及项目特征的描述方法有哪些？

答：给排水、采暖、燃气管道工程量清单项目设置内容及项目特征的描述方法如表 4-1 所示。

给排水、采暖、燃气管道（编码：031001）　　表 4-1

项目编码	项目名称	项目特征	计量单位	工程量计算规则	工作内容
031001001	镀锌钢管	1. 安装部位 2. 介质 3. 规格、压力等级 4. 连接形式 5. 压力试验及吹、洗设计要求 6. 警示带形式	m	按设计图示管道中心线以长度计算，不扣除阀门、管件（包括减压器、疏水器、水表、伸缩器等组成安装）及附属构筑物所占长度；方形补偿器以其所占长度列入管道安装工程量	1. 管道安装 2. 管件制作、安装 3. 压力试验 4. 吹扫、冲洗 5. 警示带铺设
031001002	钢管				
031001003	不锈钢管				
031001004	铜管				
031001005	铸铁管	1. 安装部位 2. 介质 3. 材质、规格 4. 连接形式 5. 接口材料 6. 压力试验及吹、洗设计要求 7. 警示带形式			1. 管道安装 2. 管件安装 3. 压力试验 4. 吹扫、冲洗 5. 警示带铺设

项目编码	项目名称	项目特征	计量单位	工程量计算规则	工作内容
031001006	塑料管	1. 安装部位 2. 介质 3. 材质、规格 4. 连接形式 5. 阻火圈设计要求 6. 压力试验及吹、洗设计要求 7. 警示带形式	m	按设计图示管道中心线以长度计算，不扣除阀门、管件（包括减压器、疏水器、水表、伸缩器等组成安装）及附属构筑物所占长度；方形补偿器以其所占长度列入管道安装工程量	1. 管道安装 2. 管件安装 3. 塑料卡固定 4. 阻火圈安装 5. 压力试验 6. 吹扫、冲洗 7. 警示带铺设
031001007	复合管	1. 安装部位 2. 介质 3. 材质、规格 4. 连接形式 5. 压力试验及吹、洗设计要求 6. 警示带形式			1. 管道安装 2. 管件安装 3. 塑料卡固定 4. 压力试验 5. 吹扫、冲洗 6. 警示带铺设
031001008	直埋式预制保温管	1. 埋设深度 2. 介质 3. 管道材质、规格 4. 连接形式 5. 接口保温材料 6. 压力试验及吹、洗设计要求 7. 警示带形式			1. 管道安装 2. 管件安装 3. 接口保温 4. 压力试验 5. 吹扫、冲洗 6. 警示带铺设
031001011	室外管道碰头	1. 介质 2. 碰头形式 3. 材质、规格 4. 连接形式 5. 防腐、绝热设计要求	处	按设计图示以处计算	1. 挖填工作坑或暖气沟拆除及修复 2. 碰头 3. 接口处防腐 4. 接口处绝热及保护层

5. 如何计算给排水、采暖、燃气管道工程量？各类管道安装项目中已包括哪些内容？各种管件数量可否调整？

答：（1）给排水、采暖、燃气管道工程量计算规则

给排水、采暖、燃气管道工程量按设计图示管道中心线以长度计算，以"m"为计量单位。管道工程量计算不扣除阀门、管件（包括减压器、疏水器、水表、伸缩器等组成安装）及附属构筑物所占长度；方形补偿器以其所占长度列入管道安装工程量。

（2）给排水、采暖、燃气管道工程量计算方法

按照管道材质、安装部位、管径规格等的不同，对管道进行归类，从设备中心点计算到设备中心点，用水平长度加垂直长度，即 $L = L_{水平} + L_{垂直}$。

水平长度：用直尺（或 CAD 软件）量取。

垂直长度：垂直长度找高差，即根据系统图用标高计算高差。

不扣除的含义就是在量取长度的时候不考虑阀门等所占的长度。

（3）管道安装项目包括的内容

一个单位的管道工程量所包含的含义不仅仅是指管道本身，还包括管道安装、管件制作安装、管卡固定、阻火圈安装、压力试验、吹扫、冲洗、警示带铺设等内容。给水管道包括水压试验，管道消毒、冲洗；排水管道包括灌水（闭水）试验，室内排水管道通球试验；室内各种镀锌钢管、钢管安装均包括管卡、吊托支架制作安装及支架除锈、刷油（除中锈、刷防锈漆两遍）。

（4）管件数量的调整

各类管道安装项目中，均已包括相应管件安装，各种管件数量系综合取定，使用时一般不做调整。确需调整的，只调整管件用量，其余不变。

6. 如何计算卫生间案例工程给排水管道工程量？如何编制给排水管道分部分项工程量清单？如何计算 *DN*15 室内给水铝塑复合管综合单价？

答：［案例］某卫生间给排水工程，卫生间给水管道采用 *DN*15 铝塑复合管，排水管道采用 U-PVC 管，安装普通洗脸盆、连体水箱坐式大便器，如图 4-1 所示。通过平面图测量，给水水

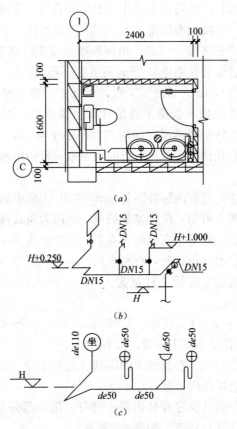

图 4-1　2 号卫生间给排水工程图

(*a*) 2 号卫生间给排水平面图；(*b*) 2 号卫生间给水系统图；

(*c*) 2 号卫生间排水系统图

平管道长度为 4.00m，排水水平管道长度为 1.86m。试计算该工程的给水和排水管道工程量。

（1）工程量计算

通过系统图识读和标准图集可知，垂直管道长度按照室内管道与卫生器具连接的分界线规则，分别计算至坐便器水箱和洗脸盆前的角阀止。这里还需要特别说明一下，目前市场上洗手盆均为成品卫生器具，在给水附件中已经包括了水嘴的内容，况且水嘴属于卫生器具的范畴，不能作为卫生器具前与管道连通的第一个阀门看待。查阅标准图集 09S304 第 72 页连体式下排水（普通连接）坐便器安装图 2 可知，角阀距给水横支管高度为 0.10m，即给水横支管安装在距地 0.25m 高度后下返 0.1m。因此该段管道垂直高度为 0.1m。坐便器柔性连接头的位置在楼面处，因此卫生间坐便器的排水管道工程量计算至楼面处。查标准图集可知，排水横支管距离楼板底面的高度不小于 0.2m，考虑楼板厚度因素，我们在预算工程量计量时通常取该段的排水垂直立管长度为 0.3m。

同样办法，经查阅标准图集 09S304 第 41 页单柄水嘴台上式洗脸盆安装图 3 可知，洗脸盆前的第一阀门为角式截止阀，距地高度为 0.55m，算出垂直长度为 0.55−0.25＝0.30m。排水管道工程量算至存水弯出口处，存水弯出口距地高度为 0.48m。

DN15 铝塑复合管工程量为：$4.0 + 0.1 + (0.55 - 0.25) \times 2 = 4.70$（m）；

U-PVC 管 de50 工程量：$1.86 + 0.3 \times 3 = 2.76$（m）；

U-PVC 管 de110 工程量：0.3m。

（2）分部分项工程量清单的编制（见表 4-2）

（3）综合单价的计算

综合单价的计算过程分为两个部分：第一部分是组成单价，第二部分是计算材料费。如表 4-3 所示。

组成单价即套定额计算人工费、材料费、机械费、管理费和利润的过程，需要将组成清单项目的所有工作内容分别组价计

工程名称：某卫生间给排水工程　　　　标段：　　　　　　第　页　共　页

序号	项目编码	项目名称	项目特征描述	计量单位	工程数量	金额（元）			
						综合单价	合价	其中	
								暂估价	人工费＋机械费
1	031001007001	复合管	1. 安装部位：室内 2. 介质：给水 3. 材质、规格：铝塑复合、DN15 4. 连接形式：卡套式连接 5. 压力试验、水冲洗：按规范要求	m	4.70				
2	031001006001	塑料管	1. 安装部位：室内 2. 介质：排水 3. 材质、规格：U-PVC、de50 4. 连接形式：粘结连接 5. 压力试验、水冲洗：灌水、通球试验	m	2.76				
3	031001006002	塑料管	1. 安装部位：室内 2. 介质：排水 3. 材质、规格：U-PVC、de110 4. 连接形式：粘结连接 5. 压力试验、水冲洗：灌水、通球试验	m	0.30				

算。查"给排水、采暖、燃气管道工程量清单项目设置"表可知，复合管安装项目的工程内容主要包括：1）管道安装；2）管件安装；3）塑料卡固定；4）压力试验；5）吹扫、冲洗；6）警示带铺设等。查询定额可知，管道安装、管件安装、塑料卡固定、压力试验等工作内容均在复合管安装定额子目（8-370）内，吹扫、冲洗工作内容在管道冲洗、消毒定额子目（8-602）内。

综合单价分析表　　　表4-3

工程名称：某卫生间给排水工程　　　标段：　　　　第 页 共 页

项目编码	031001007001		项目名称	复合管	计量单位	m	工程量	4.70

清单综合单价组成明细

定额编号	定额名称	定额单位	数量	单价（元）				合价（元）			
				人工费	材料费	机械费	管理费和利润	人工费	材料费	机械费	管理费和利润
8-370	室内给水铝塑复合管安装DN15（内外径规格1620）	10m	0.47	39.6	7.07	0.00	15.21	18.61	3.32	0.00	7.15
8-602	管道冲洗、消毒（公称直径50mm以内）	100m	0.047	16.84	13.15	0.00	6.47	0.79	0.62	0.00	0.30
人工单价			小计					19.40	3.94	0.00	7.45
技工 55元/工日 普工 40元/工日			未计价材料费					71.23			
		清单项目综合单价						21.7082056			

174

	主要材料名称、规格、型号	单位	数量	单价 (元)	合价 (元)	暂估 单价 (元)	暂估 合价 (元)
材料费明细	室内给水铝塑复合管 DN15	m	4.79	12.6	60.40		
	室内给水铝塑复合管管件 DN15	个	5.41	2	10.83		
	其他材料费			—		—	
	材料费小计			—	71.23	—	

计算材料费。查询定额可知，复合管安装项目定额项目表中未计价材料为"室内给水铝塑复合管"、"室内给水铝塑复合管管件"两项内容。

7. 管道及设备支架工程量计算及组成单价的注意事项有哪些？

答：（1）工程量计算规则

管道及设备支架工程量计算规则有两种：1）以"kg"计量，按设计图示质量计算；2）以套计量，按设计图示数量计算。工程内容包括支架制作、安装。

（2）支架工程量的计算方法

管道支架制作安装的工程量是否计算要看在组价过程中实际使用的定额内是否已经包含了管道支架制作安装的相关内容，如果在定额的管道安装项目中已经包含了该部分的内容，则不需要单独计算管道支架的工程量。这是非常值得注意的地方。

常用的管道工程量计算方法是按照"kg"计量，这里我们给出一种相对简单易行的计算方法，计算公式如下：

支架质量＝型钢理论质量×长度×数量

支架的规格、长度和数量需按照图集上的规定确定。

1）如何确定型钢理论质量

这个很简单，型钢的理论质量已经有人总结好了，各个厂家也有这个信息，可以在网上查找到相关的信息。下面将常用的型钢的理论质量列表给出，如表 4-4、表 4-5 所示。

等边角钢理论质量表　　表 4-4

角钢号数	尺寸（mm）			截断面积（cm²）	理论质量（kg/m）	表面积（m²/m）
	边长 A×B	宽度 T	r			
2	20	3	3.5	1.132	0.889	0.078
		4		1.459	1.145	0.077
2.5	25	3	3.5	1.432	1.124	0.098
		4		1.859	1.459	0.097
3	30	3	4.5	1.749	1.373	0.117
		4		2.276	1.786	0.117
3.6	36	3	4.5	2.109	1.656	0.141
		4		2.756	2.163	0.141
		5		3.382	2.654	0.141
4	40	3	5	2.359	1.852	0.157
		4		3.086	2.422	0.157
		5		3.791	2.976	0.156
4.5	45	3	5	2.659	2.088	0.177
		4		3.486	2.736	0.177
		5		4.292	3.369	0.176
		6		5.076	3.985	0.176
5	50	3	5.5	2.971	2.332	0.197
		4		3.897	3.059	0.197
		5		4.803	3.770	0.196
		6		5.688	4.465	0.196
5.6	56	3	6	3.343	2.624	0.221
		4		4.390	3.446	0.220
		5		5.415	4.251	0.220
		8		8.367	6.568	0.219
6.3	63	4	7	4.978	3.907	0.248
		5		6.143	4.822	0.248
		6		7.288	5.721	0.247
		8		9.515	7.469	0.247
		10		11.657	9.151	0.246

角钢号数	尺寸（mm）			截断面积（cm²）	理论质量（kg/m）	表面积（m²/m）
	边长 A×B	宽度 T	r			
7	70	4	8	5.570	4.372	0.275
		5		6.875	5.397	0.275
		6		8.160	6.406	0.275
		7		9.424	7.398	0.275
		8		10.667	8.373	0.274
7.5	75	5	9	7.367	5.818	0.295
		6		8.797	6.905	0.294
		7		10.160	7.976	0.294
		8		11.503	9.030	0.294
		10		14.126	11.089	0.293
8	80	5	9	7.912	6.211	0.315
		6		9.397	7.376	0.314
		7		10.860	8.525	0.314
		8		12.303	9.658	0.314
		10		15.126	11.874	0.313
9	90	6	10	10.637	8.350	0.354
		7		12.301	9.656	0.354
		8		13.944	10.946	0.353
		10		17.167	13.476	0.353
		12		20.306	15.94	0.352
10	100	6	12	11.932	9.366	0.393
		7		13.796	10.830	0.393
		8		15.638	12.276	0.393
		10		19.261	15.120	0.392
		12		22.800	17.898	0.391
		14		26.256	20.611	0.391
		16		29.627	23.257	0.390

角钢号数	尺寸（mm）			截断面积（cm²）	理论质量（kg/m）	表面积（m²/m）
	边长 A×B	宽度 T	r			
11	110	7	12	15.196	11.928	0.433
		8		17.238	13.532	0.433
		10		21.261	16.690	0.432
		12		25.200	19.782	0.431
		14		29.056	22.809	0.431
12.5	125	8	14	11.932	15.504	0.492
		10		13.796	19.133	0.491
		12		15.638	22.696	0.491
		14		19.261	26.193	0.490
14	140	10	14	27.373	21.488	0.551
		12		32.512	25.522	0.551
		14		37.567	29.490	0.550
		16		42.539	33.393	0.549
16	160	10	16	31.502	24.729	0.630
		12		37.441	29.391	0.630
		14		43.296	33.987	0.629
		16		49.067	38.518	0.629
18	180	12	16	42.241	33.159	0.710
		14		48.896	38.383	0.709
		16		55.467	43.542	0.709
		18		61.955	48.634	0.708
20	200	14	18	54.642	42.894	0.788
		16		62.013	48.680	0.788
		18		69.301	54.401	0.787
		20		76.505	60.056	0.787
		24		90.661	71.168	0.785

扁钢理论质量表

表 4-5

宽度 (mm)	厚度 (mm)						
	4	5	6	7	8	9	10
	质量 (kg/m)						
12	0.38	0.47	0.57	0.66	0.75		
14	0.44	0.55	0.66	0.77	0.88		
16	0.50	0.63	0.75	0.88	1.00	1.15	1.26
18	0.57	0.71	0.85	0.99	1.13	1.27	1.41
20	0.63	0.79	0.94	1.10	1.26	1.41	1.57
22	0.69	0.86	1.04	1.21	1.38	1.55	1.73
25	0.79	0.98	1.18	1.37	1.57	1.77	1.96
28	0.88	1.10	1.32	1.54	1.76	1.98	2.20
30	0.94	1.18	1.41	1.65	1.88	2.12	2.36
32	1.01	1.25	1.50	1.76	2.01	2.26	2.54
35	1.10	1.37	1.65	1.92	2.20		2.75
36	1.13	1.41	1.69	1.97	2.26	2.51	2.82
40	1.26	1.57	1.88	2.20	2.51	2.83	3.14
45	1.41	1.77	2.12	2.47	2.83	3.18	3.53
50	1.57	1.96	2.36	2.75	3.14	3.53	3.93
55	1.73	2.16	2.59	3.02	3.45		4.32
56	1.76	2.20	2.64	3.08	3.52	3.95	4.39
60	1.88	2.36	2.83	3.30	3.77	4.24	4.71
63	1.98	2.47	2.97	3.46	3.95	4.45	4.94
65	2.04	2.55	3.06	3.57	4.08	4.59	5.10
70	2.20	2.75	3.30	3.85	4.4	4.95	5.50
75	2.36	2.94	3.53	4.12	4.71	5.30	5.89
80	2.51	3.14	3.77	4.40	5.02	5.65	6.28
85	2.67	3.34	4.00	4.67	5.34	6.01	6.67
90	2.83	3.53	4.24	4.95	5.56	6.36	7.07
95	2.98	3.73	4.47	5.22	5.97	6.71	7.46
100	3.14	3.93	4.71	5.50	6.28	7.07	7.85
105	3.30	4.12	4.95	5.77	6.59	7.42	8.24
110	3.45	4.32	5.18	6.04	6.91	7.77	8.64

宽度 (mm)	厚度（mm）						
	4	5	6	7	8	9	10
	质量（kg/m）						
120	3.77	4.71	5.65	6.59	7.54	8.48	9.42
125	3.93	4.91	5.89	6.67	7.85	8.83	9.81
130	4.08	5.10	6.12	7.14	8.16	9.18	10.21
140	4.40	5.50	6.59	7.69	8.79	9.89	10.99
150	4.71	5.89	7.07	8.24	9.42	10.60	11.78
160	5.02	6.28	7.54	8.79	10.05	11.30	12.56
170	5.34	6.67	8.01	9.34	10.68	12.01	13.35
180	5.65	7.07	8.48	9.89	11.30	12.72	14.13
190	5.97	7.46	8.95	10.44	11.93	13.42	14.92
200	6.28	7.85	9.42	10.99	12.56	14.13	15.70

2）管道支架规格、长度的确定方法

管道支架的规格和长度在图纸上是没有相关信息的，需要查阅相关标准图集的内容。

3）管道支架数量的确定方法

管道支架数量可以按照《建筑给水排水及采暖工程施工质量验收规范》GB 50242—2002 的规定确定。在《建筑给水排水及采暖工程施工质量验收规范》GB 50242—2002 中对给水、排水、采暖管道支架安装作出如下规定：

钢管水平安装的支、吊架间距不应大于表 4-6 的规定。

钢管管道支架的最大间距　　　　表 4-6

公称直径（mm）		15	20	25	32	40	50	70	80	100	125	150	200	250	300
支架最大间距（m）	保温管	2	2.5	2.5	2.5	3	3	4	4	4.5	6	7	7	8	8.5
	不保温管	2.5	3	3.5	4	4.5	5	6	6	6.5	7	8	9.5	11	12

采暖、给水及热水供应系统的金属管道立管管卡安装应符合下列规定：

① 楼层高度小于或等于 5m，每层必须安装 1 个。

② 楼层高度大于 5m，每层不得少于 2 个。

③ 管卡安装高度，距地面应为 1.5～1.8m，2 个以上管卡应匀称安装，同一房间管卡应安装在同一高度上。

（3）管道支架与设备支架的划分及组价原则

1）单件支架质量 100kg 以上的管道支吊架执行设备支吊架制作安装项目。

2）成品支架安装执行相应管道支架或设备支架项目，不再计取制作费，支架本身价值含在综合单价中。

3）2000 年《全国统一安装工程预算定额》规定：室内管道公称直径 32mm 以下的安装工程已包括在内，不得另行计算；公称直径 32mm 以上的，可另行计算。

4）塑料给水管道支架以管外径 63mm 为分界点，管外径 63mm 以下的塑料管道采用塑料管卡固定；管外径 63mm 以上的塑料管道采用金属支架固定，需要单独计算支架工程量。

8. 什么部位需要安装套管？套管的种类有哪些？有什么具体规定？套管工程量计算方法有哪些？

答：（1）套管制作安装的适用范围

给排水、采暖管道穿基础、墙、楼板等部位时均需要安装套管。根据设计要求及安装部位不同套管有防水套管、填料套管、无填料套管及防火套管等。

管道穿过地下室外墙（基础）及水池壁时需要安装刚性防水套管。穿墙套管两端与墙面装饰面平齐。

塑料给水管道穿楼板时，套管的安装方法通常有预留孔洞和预留套管两种方式，可以采用 U-PVC 管作为套管，高出楼板面层 20mm。当管道穿过地坪处时，U-PVC 套管改为镀锌金属套管，高出地坪 100mm。

（2）套管安装工程量计算规则

套管工程量按设计图示数量计算，以"个"为计量单位。套管工程量所包含的内容主要有套管制作、安装、除锈、刷油等。

套管的规格应该大于管道1～2个直径等级。

9. 管道安装是否区分地上、地下？预制保温管道安装定额子目中是否包括管件安装？管道及管道支架除锈刷油漆是否已包括在定额子目内？室外管道的支架制作安装如何计算？室内安装已做好保温层的管道时如何考虑？

答：（1）室外管道安装不分地上与地下，均使用同一子目。

（2）除预制保温管道安装不包括管件安装外，其他所有管道安装项目均包括管件安装、水压试验及水冲洗。

（3）室内管道已包括管卡、托钩、管道支架的制作安装，不包括除锈刷漆工作内容。

（4）室外管道的支架制作安装工作内容，按管道支架相应项目另行计算。

（5）室内安装已做好保温层的管道时，可执行相应材质及连接形式的管道安装标准，其人工乘以系数1.10；管道接头保温执行《刷油、防腐蚀、绝热工程》，其人工、机械乘以系数2.0。

10. 如何计算连接散热器支管的工程量？

答：采暖标准图集中对柱翼型散热器尺寸的规定见表4-7。

柱翼型散热器尺寸 表4-7

项目 型号	散热面积 （m²/片）	中片高度 H	足片高度 H_2	长度 C	宽度 B	同侧进出口 中心距 H_1
TZY2-B/5-5	0.28/0.29	≤600	≤680	70	100、120	500

注：散热面积斜线上方为100mm宽，斜线下方为120mm宽的散热器散热面积。

TZY2-B/5-5的含义：T——灰铸铁、ZY——柱翼型、2——柱数、B——散热器宽度、5——同侧进出口中心距（单位100mm）、

5——工作压力（单位 0.1MPa）。

下面以图 4-2 为例来说明散热器支管的计算方法。

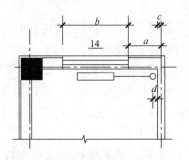

图 4-2　房间散热器局部安装图

连接散热器支管长度计算公式如下：

$$单根支管长度=a+b/2-c-d-e \cdot f/2+g$$

式中　e——单片散热器长度；

　　　f——散热器片数；

　　　g——连接散热器处的乙字弯长度，通常取 0.1m。

例如，本例中 $a=800$mm，$b=1800$mm，$c=100$mm，$d=130$mm。从该工程采用的标准图集（图 2-10 和表 2-4）中查得单片散热器长度 $e=70$mm，由图 2-11 可知散热器片数为 14 片。因此本例中单根支管长度$=0.8+1.8/2-0.1-0.13-0.07\times14/2+0.1=1.08$m。

11. 什么是管道附件？如何计算阀门等管道附件安装工程量？法兰阀门安装套定额时的注意事项有哪些？

答：（1）管道附件的内容

管道附件主要包括螺纹阀门、法兰阀门、减压器、疏水器、补偿器、软接头、法兰、水表、热量表、倒流防止器、塑料排水管消声器、液面计、水位标尺等。

（2）管道附件安装工程量计算规则

按设计图示数量计算，以"个、组"等为计量单位。

（3）阀门安装的注意事项

阀门安装均包括规范要求范围内的强度及严密性试验工作内容。

螺纹阀门安装适用于各种内外螺纹连接的阀门安装。

（4）法兰阀门安装套定额时的注意事项

1）法兰阀门安装适用于各种法兰阀门的安装，如只有一侧有法兰连接时，定额消耗量中的法兰、带帽螺栓及钢垫圈数量减半。法兰阀门安装子目包括了法兰盘、带帽螺栓等安装内容，不需要重复套用法兰安装项目。

2）减压器、疏水器、水表组成与安装项目内已包括了法兰盘、带帽螺栓等安装所需人工费及材料费，不再重复计算。

3）定额子目中各种法兰连接用垫片均按石棉橡胶板计算，如在实际工程中使用了其他材料，可按实际作出调整。

12. 卫生器具主要指哪些内容？卫生器具安装工程量如何计算？卫生器具安装套用定额时的注意事项有哪些？

答：（1）卫生器具的范围

卫生器具安装主要包括各种浴盆、洗脸（手）盆、洗涤盆与化验盆、淋浴器、水力按摩浴盆、整体式淋浴房、各式大、小便器及自动冲洗水箱、冲洗水管，以及水龙头、排水栓、地漏、扫除口等供、排水配件、附件安装。

（2）卫生器具安装工程量计算规则

按设计图示数量计算，以"个、组、套"等为计量单位。

（3）卫生器具安装套用定额时的注意事项

1）各类卫生器具安装均已包括了标准图集与给水、排水管道连接的人工和材料，除另有说明外，一般不作调整。

2）浴盆安装适用于各种型号的浴盆，但浴盆支座和周边砌砖以及瓷砖粘贴应按建筑工程要求另行计算。

3）洗脸（手）盆、洗涤盆适用于各种型号，洗脸盆肘式开关不分单双把均执行同一项目；化验盆项目中的鹅颈水嘴及单、双、三联化验水嘴适用于成品件安装，脚踏开关安装包括弯管和喷头的安装人工和材料，喷头主材需要另行计算。

4）洗脸盆、淋浴器组成安装项目需要区分钢管组成与铜管制品。

5）各种脸盆、洗涤盆、化验盆以及大、小便槽自动冲洗水箱的托架安装已按标准图集包括在内。

13. 供暖器具主要指哪些内容？供暖器具安装工程量如何计算？

答：（1）供暖器具的范围

供暖器具主要包括铸铁散热器安装、钢制散热器安装、其他成品散热器安装、光排管散热器制作安装、暖风机安装、地板辐射采暖等。

（2）工程量计算规则

按设计图示数量计算，以"组（片）"等为计量单位。地板辐射采暖以"m^2"计量，按设计图示采暖房间净面积计算。

14. 给排水、采暖、燃气工程中按系数计取的脚手架搭拆费、高层建筑增加费、超高增加费等各项费用是如何规定的？

答：（1）脚手架搭拆费按人工费的 5% 计算，其中人工工资占 25%。

（2）高层建筑增加费（指高度在 6 层或 20m 以上的工业与民用建筑），可按表 4-8 计算（其中全部为人工工资）。

高层建筑增加费计算表　　　　　表 4-8

层数（高度）	9 层以下（30m）	12 层以下（40m）	15 层以下（50m）	18 层以下（60m）	21 层以下（70m）	24 层以下（80m）	27 层以下（90m）	30 层以下（100m）	33 层以下（110m）
按人工费的%	2	3	4	6	8	10	13	16	19

层数 (高度)	36 层 以下 (120m)	39 层 以下 (130m)	42 层 以下 (140m)	45 层 以下 (150m)	48 层 以下 (160m)	51 层 以下 (170m)	54 层 以下 (180m)	57 层 以下 (190m)	60 层 以下 (200m)
按人工 费的%	22	25	28	31	34	37	40	43	46

(3) 超高增加费：定额中操作物高度以距楼地面 3.6m 为限，如超过 3.6m 时，其超过部分（指由 3.6m 至操作物高度）的定额人工费乘以表 4-9 中相应系数。

超高增加费计算表 表 4-9

操作高度（m）	3.6～8	3.6～12	3.6～16	3.6～20
系数	1.10	1.15	1.20	1.25

(4) 设置于管道间（井）、管廊内的管道、阀门、法兰、支架安装，其人工乘以系数 1.3。这里的人工是指在管道间、管廊内操作的那部分人工。

(5) 采暖工程系统调整费按采暖工程人工费的 15% 计算，其中人工工资占 20%。

(6) 所有卫生器具安装项目，均参照《全国通用给水排水标准图集》中有关标准图集计算，设计无特殊要求均不作调整。

(7) 定额中列出的接口密封材料，除圆翼汽包垫采用橡胶石棉板外，其余均采用成品汽包垫，如采用其他材料，不作换算。

15. 工业管道有哪几种类型？低压工业管道适用材质范围是如何规定的？哪些管道安装项目需要执行《工业管道》预算定额？

答：(1) 按照输送介质不同，可分为：

1) 工艺管道：为产品生产输送物料的管道称为工艺管道。

2) 动力管道：输送动力媒介的管道称为动力管道，如热力管道等。

（2）按介质压力不同，可分为：

1）低压管道：$0 \leqslant PN \leqslant 1.6MPa$。

2）中压管道：$1.6MPa < PN \leqslant 10MPa$。

3）高压管道：$10MPa < PN \leqslant 100MPa$。

4）超高压管道：$PN > 100MPa$。

（3）按照介质温度不同，可分为：

1）常温管道：$-40℃ < t \leqslant 120℃$。

2）低温管道：$t \leqslant -40℃$。

3）中温管道：$120℃ < t \leqslant 450℃$。

4）高温管道：$t > 450℃$。

（4）低压工业管道适用材质范围的规定：

1）低压碳钢管适用于焊接钢管、无缝钢管、16Mn钢管；

2）低压不锈钢管适用于各种材质不锈钢管；

3）低压碳钢板卷管适用于各种低压螺旋钢管、16Mn钢板卷管；

4）低压铜管适用于紫铜、黄铜、青铜管；

5）低压合金钢管适用于各种材质合金钢管；

6）低压铝管适用于各种材质的铝及铝合金管；

7）低压塑料管适用于各种材质的塑料及塑料复合管。

（5）适用范围

适用于新建、扩建项目中厂区范围内车间、装置、站、灌区及其相互之间各种生产用介质输送管道，厂区第一个连接点以内的生产用（包括生产与生活共用）给水、排水、蒸汽、煤气输送管道安装工程。其中给水以入口水表井为界；排水以厂区围墙外第一个污水井为界；蒸汽和煤气以入口第一个计量表（阀门）为界；锅炉房、水泵房以墙皮为界。

16. 工业管道预算定额关于按系数计取的费用有哪些规定？

答：（1）脚手架搭拆费按人工费的7%计算，其中人工工资

187

占 25%（单独承担的埋地管道工程，不计取脚手架费用）。

（2）厂外运距超过 1km 时，其超过部分的人工和机械乘以系数 1.1。

（3）车间内整体封闭式地沟管道，其人工和机械乘以系数 1.2（管道安装后盖板封闭地沟除外）。

（4）超低碳不锈钢管执行不锈钢管项目，其人工和机械乘以系数 1.15，焊条消耗量不变，单价可以换算。

（5）高合金钢管执行合金钢管项目，其人工和机械乘以系数 1.15，焊条消耗量不变，单价可以换算。

（6）安装与生产同时进行增加的费用按人工费的 10% 计取。

（7）在有害身体健康的环境中施工增加的费用，按人工费的 10% 计算。

（8）在管道上安装的仪表一次部件，执行本章管件连接相应定额项目基价乘以系数 0.7。

（9）仪表的温度计扩大管制作安装，执行本章管件连接相应项目基价乘以系数 1.5。

（10）仪表的流量计安装，执行阀门安装相应定额乘以系数 0.7。

（11）中压螺栓阀门安装，执行低压相应定额人工乘以系数 1.2。

（12）全加热套管法兰安装，按内套管法兰径执行相应定额乘以系数 2.0 计算。

（13）法兰安装以"个"为单位计算时，执行法兰安装定额乘以系数 0.61，螺栓数量不变。

（14）中压平焊法兰，执行低压相应定额乘以系数 1.2。

（15）节流装置执行法兰安装相应定额乘以系数 0.8。

（16）煨弯定额按 90°考虑，煨 180°时，定额乘以系数 1.5。

（17）电加热片或电感应预热中，如要求焊后立即进行热处理，焊前预热定额人工应乘以系数 0.87。

17. 消防工程使用预算定额时需要系数计算的内容有哪些？如何规定的？

答：（1）脚手架搭拆费按人工费的 5% 计算，其中人工工资占 25%。

（2）高层建筑增加费（指高度在 6 层或 20m 以上的工业与民用建筑）按表 4-10 计算（其中全部为人工工资）。

高层建筑增加费计算表　　　　　表 4-10

层数（高度）	9 层以下（30m）	12 层以下（40m）	15 层以下（50m）	18 层以下（60m）	21 层以下（70m）	24 层以下（80m）	27 层以下（90m）	30 层以下（100m）	33 层以下（110m）
按人工费的%	1	2	4	5	7	9	11	14	17
层数（高度）	36 层以下（120m）	39 层以下（130m）	42 层以下（140m）	45 层以下（150m）	48 层以下（160m）	51 层以下（170m）	54 层以下（180m）	57 层以下（190m）	60 层以下（200m）
按人工费的%	20	23	26	29	32	35	38	41	44

（3）安装与生产同时进行增加的费用，按人工费的 10% 计算。

（4）在有害身体健康的环境中施工增加的费用，按人工费的 10% 计算。

（5）设置于管道间、管廊内的管道，其定额人工乘以 1.3。

（6）主体结构为现场浇筑采用钢模施工的工程：内外浇筑的定额人工乘以 1.05，内浇外砌的定额人工乘以 1.03。

（7）定额中的无缝钢管、钢制管件、选择阀安装及系统组件试验等均适用于卤代烷 1211 和 1311 灭火系统，二氧化碳灭火系统按卤代烷灭火系统相应定额乘以系数 1.20。

（8）螺纹连接的不锈钢管、铜管及管件安装时，按无缝钢管和钢制管件安装相应定额乘以系数 1.20。

（9）消防工程定额是按 4 次调试验收合格考虑的，如果实际是两次验收合格，则相应的调试定额乘以系数 0.5。

第五章　通风空调工程计量与计价

1. 通风空调工程涉及哪几个系统？其字母表示是什么？新风系统与排风系统的工作原理是什么？

答：一般情况下，通风空调工程中，会涉及以下几个系统：通风系统（TF）、排风系统（PF/P）、送风系统（SF）、送风兼补风系统（SBF）、新风系统（XF）、空调系统（KT/K）、排烟系统（PY）、排烟兼排风系统（PYF）、加压送风系统（JS）等。

新风机组通过风管与集气室连通，即与通风竖井连通。当新风机组运行时，室外的清新空气→通风竖井→集气室→新风机组→新风管道→各个送风口→室内。

排风兼排烟风机通过风管与集气室连通，即与通风竖井连通。当排风兼排烟风机运行时，室内的污浊气体或者烟雾等→排风口（排烟口）→排风（排烟）管道→排风机（排烟机）→集气室→通风竖井→室外。

2. 通风空调工程中哪些属于高压系统，哪些属于低压系统，有何规定？

答：通风空调系统中排烟系统、排烟兼排风系统及加压送风系统属于高压系统，风管板材厚度要按照规范或规定的高压系统计取；其余系统属于中、低压系统，风管板材厚度要按照规范或规定的中、低压系统计取。

3. 什么是防火性软管连接？

答：通风机、空调机组、风机盘管等设备与风管相连接的位置设置 150～300mm 长的软管，其主要材质是帆布，目的是避免设备运行产生振动时导致风管中部或接缝的位置产生错位、断裂等现象。另外有些通风风口与风管连接处也采用长度不等的帆布。如风机盘管的送风口和回风口与其配制的风管需采用帆布进行连接。因为风机盘管在吊棚内有一定的吊装高度，而送回风口却镶嵌在吊棚上，所以风口与风管之间会采用长度适中的帆布来进行连接。但具体情况要根据图纸设计说明要求而定。

4. 怎样计算空调水系统管道的工程量？有哪些特别的注意事项？

答：空调水系统管道分为：供水管、回水管和冷凝水管。供回水管一般由制冷机房或外网管路引入，供给建筑物内各个空调设备使用；冷凝水管一般由各个空调设备排至相近的设备机房内地漏，或卫生间地漏，经室内排水管道排向室外。

空调水系统管道工程量计算规则与给排水工程管道工程量计算规则完全一致。

如果供回水管由外网直接引入，空调水系统计算的起始点一般为：距离建筑物外墙外边线 1.5m 处；如果供回水管由制冷机房内引入，则空调水系统计算的起始点一般为：制冷机房内分集水器的第一个水阀门。

计算水管长度时，最好顺着一条管路向下走，按水管管径列项。水管一般在三通处作变径，需要注意的是，冷凝水管需要单独列项计算，因为冷凝水管与供回水管的材质、保温厚度等不一定相同，而且供回水管需要打压试验，冷凝水管不用。

下面以一个示例作简单说明：

（1）空调水系统如图 5-1 所示，冷、热水管采用碳素钢管，当管径＜$DN100$mm 时采用镀锌钢管，当管径≥$DN100$mm 时采用无缝钢管，当管径≥$DN250$mm 时采用螺旋焊接钢管，冷凝水管采用 U-PVC 塑料管；（2）空调冷热水管、风机盘管冷凝水管均需保温，保温材料采用难燃 B1 级橡塑管壳，厚度如下（除冷凝水管外）：$DN20 \sim 40$mm，厚 35mm；$DN50 \sim 100$mm，厚

40mm；$DN125\sim250$mm，厚 45mm；$DN\geqslant300$mm，厚 50mm；冷凝水管保温厚度为 10mm；（3）水管保温前应先除锈和清洁表面，然后刷防锈漆两道，再做保温。

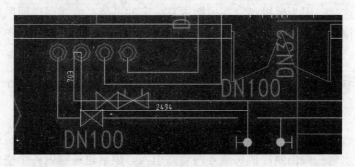

图 5-1　空调水系统

如图所示：尺寸标注管线部分：$DN100=0.703+2.494=3.197$m

其他管线以此类推。

5. 风机安装工程量计算规则是什么？通风及空调设备及部件制作安装工程量计算规则是什么？

答：（1）风机安装工程量计算规则

《工程量计算规范》附录 G.5 相关问题及说明规定，冷冻机组站内的设备安装、通风机安装及人防两用通风机安装，应按规范附录 A 机械设备安装工程相关项目列项。原清单计价规范中的通风机从通风空调工程中划到了机械设备安装工程中，值得注意。因此，风机安装工程量计算规则为：

按设计图示数量计算，以"台"为计量单位。

（2）通风及空调设备及部件制作安装工程量计算规则

空调器等按设计图示数量计算，以"台（组）"为计量单位。

过滤器，以台计量，按设计图示数量计算；或是以面积计量，按设计图示尺寸以过滤面积计算。

空气处理机组是一种集中式空气处理系统，也是一种全空气单区域系统，通常由风机、加热器、冷却器以及过滤器等各组件组成。因此，空气处理机组属于空调器的一种。

6. 通风管道制作安装工程量如何计算？

答：（1）工程量计算规则

通风管道按设计图示外径尺寸以展开面积计算。

柔性软风管以"m"计量，按设计图示中心线以长度计算；或以节计量，按设计图示数量计算。

弯头导流叶片以面积计量，按设计图示以展开面积"m^2"计算；或以组计量，按设计图示数量计算。

风管检查孔以"kg"计量，按风管检查孔质量计算；或以个计量，按设计图示数量计算。

温度、风量测定孔按设计图示数量计算。

（2）工程量计算方法

1）风管展开面积，不扣除检查孔、测定孔、送风口、吸风口等所占面积；风管长度一律以设计图示中心线长度为准（主管与支管以其中心线交点划分），包括弯头、三通、变径管、天圆地方等管件长度，但不包括部件所占的长度。风管展开面积不包括风管、管口重叠部分面积。风管渐缩管：圆形风管按平均直径；矩形风管按平均周长。

2）部件长度的确定：所谓部件是指各种阀门、风帽、罩类、消声器等，当设计有规定时，按设计规定长度计算；当设计没有规定时，按标准图集长度或以下规定计算：

蝶阀按 150mm 计算；

止回阀按 300mm 计算；

密闭式对开多叶调节阀按 210mm 计算；

圆形风管防火阀按直径加 240mm 计算；

矩形风管防火阀按风管高度加 240mm 计算。

3）穿墙套管按展开面积计算，记入通风管道工程量中。

4）弯头导流叶片数量，按设计图纸或规范要求计算。

5）风管检查孔、温度测定孔、风量测定孔数量，按设计图纸或规范要求计算。

7. 通风管道部件制作安装工程量如何计算？

答：（1）工程量计算规则

各种阀门、风口、散流器、百叶窗、风帽、罩类、消声器制作安装按设计图示数量计算，以"个"为计量单位；柔性接口按设计图示尺寸以展开面积计算，以"m^2"为计量单位。

（2）工程量计算方法

柔性软风管与柔性接口不同，柔性软风管属于通风管道的一种，用于不适合采用刚性管道的地方；柔性接口则适用于设备与风管或部件的连接，是减震措施。柔性接口的长度按照 0.2m 考虑，按照通风管道周长计算展开面积。

8. 通风工程检测、调试工程量如何计算？通风空调工程中系统调试费是多少？包括哪些内容？

答：（1）工程量计算规则

通风工程检测、调试按通风系统计算，以"系统"为计量单位。

风管漏光试验、漏风试验按设计图纸或规范要求以展开面积计算。

（2）工程量计算方法

一般情况下，一个通风系统是指以一台风机为一个系统（备用风机除外），由风机、通风管道、部件等组成。

（3）通风空调工程中系统调试费按人工费的 13% 计算，人工费中不包括空调供回水管及非第九分册子目的内容。其中人工费占 25%，机械费占 75%。漏光测试费用已包含在定额子目内，如仅做漏光测试试验，不得计算此项费用。通风空调工程中系统调试费的计取应以批准的施工组织设计与施工单位的调试报告为依据。系统调试费包括的内容是：风速、风量、温度、湿度、噪声、压力、风量平衡等的调试。

9. 通风空调工程使用预算定额时需要调整、换算及系数计算的内容有哪些？如何规定的？

答：（1）需要调整、换算的内容及规定

1）风管项目中的板材，如设计要求厚度不同者可以换算，但人工、机械不变。

2）镀锌薄钢板风管项目中的板材是按镀锌薄钢板编制的，如设计要求不用镀锌薄钢板者，板材可以换算，其他不变。

3）软管接头使用人造革而不使用帆布者可以换算。

4）项目中的法兰垫料如设计要求使用材料品种不同者可以换算，但人工不变。使用泡沫塑料者每千克橡胶板换算为泡沫塑料 0.125kg；使用闭孔乳胶海绵者每千克橡胶板换算为闭孔乳胶海绵 0.5kg。

5）圆形风管执行矩形风管有关项目。

6）风管涂密封胶是按全部口缝外表面涂抹考虑的，如设计要求口缝不涂抹而只在法兰处涂抹者，每 $10m^2$ 风管应减去密封胶 1.5kg、人工 0.37 工日。

7）过滤器安装项目中包括试装，如设计不要求试装者，其人工、材料、机械不变。

8）风管及部件项目中，型钢未包括镀锌费，如设计要求镀锌时，另加镀锌费。

9）薄钢板风管、部件以及单独列项的支架，其除锈不分锈蚀程度，一律按其第一遍刷油的工程量执行轻锈相应项目。

（2）需要系数计算的内容

1）整个通风系统设计采用渐缩管均匀送风者，圆形风管按平均直径，矩形风管按平均周长执行相应规格项目，其人工乘以系数 2.5。

2）如制作空气幕送风管时，按矩形风管平均周长执行相应风管规格项目，其人工乘以系数 3，其余不变。

3）不锈钢风管凡以电焊考虑的项目，如须使用手工氩弧焊者，其人工乘以系数 1.238，材料乘以系数 1.163，机械乘以系数 1.673。

4）铝板风管凡以电焊考虑的项目，如须使用手工氩弧焊者，其人工乘以系数 1.154，材料乘以系数 0.852，机械乘以系数 9.242。

5）薄钢板风管刷油按其工程量执行相应项目，仅外（或内）面刷油者，定额乘以系数 1.2，内外均刷油者，定额乘以系数 1.1（其法兰加固框、吊托支架已包括在此系数内）。

6）薄钢板部件刷油按其工程量执行金属结构刷油项目，定额乘以系数 1.15。

7）绝热保温材料不需粘结者，执行相应项目时需减去其中的粘结材料，人工乘以系数 0.5。

8）脚手架搭拆费按人工费的 3% 计算，其中人工工资占 25%。

9）高层建筑增加费（指高度在 6 层或 20m 以上的工业与民用建筑），可按表 5-1 计算（其中全部为人工工资）。

高层建筑增加费计算表　　　　　　　　　表 5-1

层数（高度）	9 层以下（30m）	12 层以下（40m）	15 层以下（50m）	18 层以下（60m）	21 层以下（70m）	24 层以下（80m）	27 层以下（90m）	30 层以下（100m）	33 层以下（110m）
按人工费的%	1	2	3	4	5	6	8	10	13
层数（高度）	36 层以下（120m）	39 层以下（130m）	42 层以下（140m）	45 层以下（150m）	48 层以下（160m）	51 层以下（170m）	54 层以下（180m）	57 层以下（190m）	60 层以下（200m）
按人工费的%	16	19	22	25	28	31	34	37	40

10）超高增加费（指操作物高度距离楼地面 6m 以上的工程）按人工费的 15% 计算。

11）安装与生产同时进行增加的费用，按人工费的 10%计算。

12）系统调整费按系统工程人工费的 13%计算，其中人工工资占 25%。

13）在有害身体健康的环境中施工增加的费用，按人工费的10%计算。

第六章　安装工程造价的控制

1. 工程量清单计价方式形成的合同在履约（施工）过程中怎样进行工程计量、核实？

答：（1）工程量必须按照相关工程现行国家计量规范规定的工程量计算规则计算。

（2）工程计量可选择按月或按工程形象进度分段计量，具体计量周期在合同中约定。

（3）因承包人原因造成的超出合同工程范围施工或返工的工程量，发包人不予计量。

（4）施工中进行工程计量，当发现招标工程量清单中出现缺项、工程量偏差，或因工程变更引起工程量增减时，应按承包人在履行合同义务中完成的工程量计算。

（5）承包人应当按照合同约定的计量周期和时间向发包人提交当期已完工程量报告。发包人应在收到报告后7天内核实，并将核实计量结果通知承包人。发包人未在约定时间内进行核实的，承包人提交的计量报告中所列的工程量应视为承包人实际完成的工程量。

（6）发包人认为需要进行现场计量核实时，应在计量前24小时通知承包人，承包人应为计量提供便利条件并派人参加。双方均同意核实结果时，双方应在上述记录上签字确认。承包人收到通知后不派人参加计量，视为认可发包人的计量核实结果。发包人不按照约定时间通知承包人，致使承包人未能派人参加计量，计量核实结果无效。

（7）当承包人认为发包人核实后的计量结果有误时，应在收到计量结果通知后的7天内向发包人提出书面意见，并附上其认为正确的计量结果和详细的计算资料。发包人收到书面意见后，应在 7 天内对承包人的计量结果进行复核后通知承包人。承包人对复核计量结果仍有异议的，按照合同约定的争议解决办法处理。

（8）承包人完成已标价工程量清单中每个项目的工程量并经发包人核实无误后，发承包双方应对每个项目的历次计量报表进行汇总，以核实最终结算工程量，并应在汇总表上签字确认。

2. 哪些事项出现时，发承包双方应当调整合同价款？调整的程序是什么？

答：（1）应当调整合同价款的情形

1）法律法规变化：招标工程以投标截止日前 28 天、非招标工程以合同签订前 28 天为基准日，其后因国家的法律、法规、规章和政策发生变化引起工程造价增减变化；

2）工程变更；

3）项目特征不符；

4）工程量清单缺项；

5）工程量偏差；

6）计日工；

7）物价变化；

8）暂估价；

9）不可抗力；

10）提前竣工（赶工补偿）；

11）误期赔偿；

12）索赔；

13）现场签证；

14）暂列金额；

15）发承包双方约定的其他调整事项。

（2）合同价款调整的程序方法

1）出现合同价款调增事项（不含工程量偏差、计日工、现场签证、索赔）后的 14 天内，承包人应向发包人提交合同价款调增报告并附上相关资料；承包人在 14 天内未提交合同价款调增报告的，应视为承包人对该事项不存在调整价款请求。

2）出现合同价款调减事项（不含工程量偏差、索赔）后的 14 天内，发包人应向承包人提交合同价款调减报告并附上相关资料；发包人在 14 天内未提交合同价款调减报告的，应视为发包人对该事项不存在调整价款请求。

3）收到调增或调减报告及相关资料之日起 14 天内对其核实，予以确认的应书面通知对方。如有疑问，应向对方提出协商意见；在 14 天内未确认也未提出协商意见的，应视为报告已被认可。如提出协商意见的，应在收到协商意见后的 14 天内对其核实，予以确认的应书面通知对方；如超出 14 天既不确认也未提出不同意见的，应视为提出的意见已被认可。

4）对合同价款调整的不同意见不能达成一致的，只要对发承包双方履约不产生实质影响，双方应继续履行合同义务，直到其按照合同约定的争议解决方式得到处理。

5）经发承包双方确认调整的合同价款，作为追加（减）合同价款，应与工程进度款或结算款同期支付。

6）法律法规变化，发承包双方应当按照省级或行业建设主管部门或其授权的工程造价管理机构据此发布的规定调整合同价款。因承包人原因导致工期延误的，在合同工程原定竣工时间之后，合同价款调增的不予调整，合同价款调减的予以调整。

3. 发生工程变更、项目特征不符、工程量清单缺项、工程量偏差时应如何调整合同价款?

答：（1）因工程变更引起已标价工程量清单项目或其工程数量发生变化，及由于招标工程量清单中缺项新增分部分项工程清单项目的

1）已标价工程量清单中有适用于变更工程项目的，采用该项目的单价；但当工程变更导致该清单项目的工程数量发生变

化，且工程量偏差超过 15％时，应该调整单价。调整的方法：当工程量增加 15％以上时，其增加部分的工程量的综合单价应予调低；当工程量减少 15％以上时，减少后剩余部分的工程量的综合单价应予调高。

2）已标价工程量清单中没有适用但有类似于变更工程项目的，可在合理范围内参照类似项目的单价。

3）已标价工程量清单中没有适用也没有类似于变更工程项目的，应由承包人根据变更工程资料、计量规则和计价办法、工程造价管理机构发布的信息价格和承包人报价浮动率提出变更工程项目的单价，报发包人确认后调整。承包人报价浮动率可按下列公式计算：

招标工程：承包人报价浮动率 $L=(1-$ 中标价/招标控制价$)\times$ 100％

非招标工程：承包人报价浮动率 $L=(1-$ 报价值/施工图预算$)\times 100％$

4）已标价工程量清单中没有适用也没有类似于变更工程项目，且工程造价管理机构发布的信息价格缺价的，应由承包人根据变更工程资料、计量规则、计价办法和通过市场调查等取得有合法依据的市场价格提出变更工程项目的单价，报发包人确认后调整。

（2）引起施工方案改变并使措施项目发生变化的

承包人提出调整措施项目费的，应事先将拟实施的方案提交发包人确认，并应详细说明与原方案措施项目相比的变化情况，拟实施的方案经发承包双方确认后执行。如果承包人未事先将拟实施的方案提交给发包人确认，则视为工程变更不引起措施项目费的调整或承包人放弃调整措施项目费的权利。

调整方法如下：

1）安全文明施工费应按照实际发生变化的措施项目依据国家或省级、行业建设主管部门的规定计算，不得作为竞争性费用。

2）采用单价计算的措施项目费，应按照实际发生变化的措施项目，按发生工程变更时的调整方法确定单价。

3）按总价（或系数）计算的措施项目费，按照实际发生变化的措施项目调整，但应考虑承包人报价浮动因素，即调整金额按照实际调整金额乘以承包人报价浮动率计算。工程量增加的措施项目费调增，工程量减少的措施项目费适当调减。

（3）当发包人提出的工程变更因非承包人原因删减了合同中的某项原定工作或工程，致使承包人发生的费用或（和）得到的收益不能被包括在其他已支付或应支付的项目中，也未被包含在任何替代的工作或工程中时，承包人有权提出并得到合理的费用及利润补偿。

4. 发生计日工项目时工程数量如何确认？如何确定工程价款？

答：（1）发生计日工项目时工程数量确认的方法

1）承包人：任一计日工项目持续进行时，应在该项工作实施结束后的24小时内向发包人提交有计日工记录汇总的现场签证报告一式三份。

2）发包人：在收到承包人提交现场签证报告后的2天内予以确认并将其中一份返还给承包人，作为计日工计价和支付的依据。发包人逾期未确认也未提出修改意见的，应视为承包人提交的现场签证报告已被发包人认可。

（2）计日工工程价款的确定方法

任一计日工项目实施结束后，承包人应按照确认的计日工现场签证报告核实该类项目的工程数量，并应根据核实的工程数量和承包人已标价工程量清单中的计日工单价计算，提出应付价款；已标价工程量清单中没有该类计日工单价的，由发包人按照本章第3题的方法商定计日工单价计算。每个支付期末，承包人应按照规定向发包人提交本期间所有计日工记录的签证汇总表，并应说明本期间自己认为有权得到的计日工金额，调整合同价款，列入进度款支付。

5. 物价变化影响合同时如何使用价格指数调整法调整合同价款？

答：出现因人工、材料和工程设备、施工机械台班等价格波动影响合同价格时，应根据合同约定，按价格指数调整法调整合同价款。具体公式如下：

$$\Delta P = P_0 \Big[A + \Big(B_1 \times \frac{F_{t1}}{F_{01}} + B_2 \times \frac{F_{t2}}{F_{02}} $$
$$+ B_3 \times \frac{F_{t3}}{F_{03}} + \cdots + B_n \times \frac{F_{tn}}{F_{0n}} \Big) - 1 \Big]$$

式中
ΔP——需调整的价格差额；

P_0——约定的付款证书中承包人应得到的已完成工程量的金额。此项金额应不包括价格调整、不计质量保证金的扣留和支付、预付款的支付和扣回。约定的变更及其他金额已按现行价格计价的，也不计在内；

A——定值权重（即不调部分的权重）；

B_1、B_2、B_3、$\cdots$、B_n——各可调因子的变值权重（即可调部分的权重），为各可调因子在投标函投标总报价中所占的比例；

F_{t1}、F_{t2}、F_{t3}、$\cdots$、F_{tn}——各可调因子的现行价格指数，指约定的付款证书相关周期最后一天的前 42 天的各可调因子的价格指数；

F_{01}、F_{02}、F_{03}、$\cdots$、F_{0n}——各可调因子的基本价格指数，指基准日期的各可调因子的价格指数。

其中，各可调因子、定值和变值权重，以及基本价格指数及其来源在投标函附录价格指数和权重表中进行约定。价格指数应首先采用工程造价管理机构提供的价格指数，缺乏上述价格指数时，可采用工程造价管理机构提供的价格代替。

6. 什么是不可抗力？因不可抗力事件导致人员伤亡、财产损失及其费用增加时，如何分担并调整合同价款和工期？

答：不可抗力是指发承包双方在工程合同签订时不能预见的，对其发生的后果不能避免，并且不能克服的自然灾害和社会性突发事件。

（1）由发包人承担的情形

1）合同工程本身的损害、因工程损害导致第三方人员伤亡和财产损失以及运至施工场地用于施工的材料和待安装的设备的损害；

2）停工期间，承包人应发包人要求留在施工场地的必要的管理人员及保卫人员的费用；

3）工程所需清理、修复费用；

4）不可抗力解除后复工的，若不能按期竣工，应合理延长工期；发包人要求赶工的，赶工费用应由发包人承担。

（2）由承包人承担的情形

承包人的施工机械设备损坏及停工损失。

（3）各自承担的情形

发包人、承包人人员伤亡由其所在单位负责，并承担相应费用。

7. 什么是索赔？承包人提出索赔的程序是什么？发包人如何处理承包人提出的索赔？提出索赔的期限有哪些要求？

答：（1）索赔的概念

索赔是指在工程合同履行过程中，合同当事人一方因非己方的原因而遭受损失，按合同约定或法律法规规定应由对方承担责任，从而向对方提出补偿的要求。

（2）承包人提出索赔的程序

1）承包人应在知道或应当知道索赔事件发生后 28 天内，向发包人提交索赔意向通知书，说明发生索赔事件的事由。承包人逾期未发出索赔意向通知书的，丧失索赔的权利。

2）承包人应在发出索赔意向通知书后 28 天内，向发包人正式提交索赔通知书。索赔通知书应详细说明索赔理由和要求，并应附必要的记录和证明材料。

3）索赔事件具有连续影响的，承包人应继续提交延续索赔通知，说明连续影响的实际情况和记录。

4）在索赔事件影响结束后的 28 天内，承包人应向发包人提交最终索赔通知书，说明最终索赔要求，并附必要的记录和证明材料。

（3）承包人索赔应按下列程序处理

1）发包人收到承包人的索赔通知书后，应及时查验承包人的记录和证明材料。

2）发包人应在收到索赔通知书或有关索赔的进一步证明材料后的 28 天内，将索赔处理结果答复承包人，如果发包人逾期未作出答复，视为承包人索赔要求已被发包人认可。

3）承包人接受索赔处理结果的，索赔款项应作为增加合同价款，在当期进度款中进行支付；承包人不接受索赔处理结果的，按合同约定的争议解决方式办理。

（4）提出索赔的期限要求

办理竣工结算后，承包人无权再提出竣工结算前所发生的任何索赔；承包人在提交的最终结清申请中只能提出竣工结算后的索赔。发承包双方最终结清时索赔终止。

8. 什么是现场签证？现场签证处理程序有哪些？如何确定现场签证价款？

答：（1）现场签证的概念

现场签证是指发包人现场代表（或其授权的监理人、工程造价咨询人）与承包人现场代表就施工过程中涉及的责任事件所作的签认证明，类似于补充协议。

（2）现场签证处理的程序

1）承包人应发包人要求完成合同以外的零星项目、非承包人责任事件等工作的，发包人应及时以书面形式向承包人发出指令，并应提供所需的相关资料；承包人在收到指令后，应及时向发包人提出现场签证要求。

2）承包人应在收到发包人指令后的 7 天内向发包人提交现场签证报告，报告中应写明所需的人工、材料和施工机械台班的消耗量等内容。发包人应在收到现场签证报告后的 48 小时内对报告内容进行核实，予以确认或提出修改意见。发包人在收到承包人现场签证报告后的 48 小时内未确认也未提出修改意见的，视为承包人提交的现场签证报告已被发包人认可。

3）现场签证工作完成后的 7 天内，承包人应按照现场签证内容计算价款，报送发包人确认后，作为追加合同价款，与工程进度款同期支付。

（3）现场签证价款的确定方法

1）现场签证的工作如已有相应的计日工单价，现场签证中应列明完成该类项目所需的人工、材料、工程设备和施工机械台班的数量。

2）如现场签证的工作没有相应的计日工单价，应在现场签证报告中列明完成该签证工作所需的人工、材料设备和施工机械台班的数量及其单价。

3）合同工程发生现场签证事项，未经发包人签证确认，承包人便擅自施工的，除非征得发包人同意，否则发生的费用应由承包人承担。

4）在施工过程中，当发现合同工程内容因场地条件、地质水文、发包人要求等不一致时，承包人应提供所需的相关资料，并提交发包人签证认可，作为调整合同价款的依据。

9. 什么是预付款和进度款？预付款和进度款支付申请的额度有什么要求？甲供材料时如何计算进度款？

答：（1）预付款和进度款的概念

预付款是指在工程开工前，发包人按照合同约定，预先支付给承包人用于购买合同工程施工所需的材料、工程设备，以及组织施工机械和人员进场等的款项。

进度款是指在合同工程施工过程中，发包人按照合同约定对付款周期内承包人完成的合同价款给予支付的款项，也是合同价款期中结算支付。

（2）预付款和进度款支付申请的额度要求

包工包料工程的预付款的支付比例不得低于签约合同价（扣除暂列金额）的 10%，不宜高于签约合同价（扣除暂列金额）的 30%。

进度款的支付比例按照合同约定，按期中结算价款总额计，不低于 60%，不高于 90%。

（3）发包人提供的甲供材料金额应按照发包人签约提供的单价和数量从进度款支付中扣除，列入本周期应扣减的金额中。

10. 什么是安全文明施工费？安全文明施工费预付的额度是怎么规定的？若不支付责任如何划分？

答：安全文明施工费是指在合同履行过程中，承包人按照国家法律、法规、标准等规定，为保证安全施工、文明施工，保护现场内外环境和搭拆临时设施等所采用的措施而发生的费用。

发包人应在工程开工后的 28 天内预付不低于当年施工进度计划的安全文明施工费总额的 60%，其余部分应按照提前安排的原则进行分解，并应与进度款同期支付。

发包人在付款期满后的 7 天内仍未支付的，发包人应承担相应责任。

参 考 文 献

[1] 中华人民共和国国家标准. 建设工程工程量清单计价规范 GB 50500—2013 [S]. 北京：中国计划出版社，2013

[2] 中华人民共和国国家标准. 通用安装工程工程量计算规范 GB 50856—2013 [S]. 北京：中国计划出版社，2013

[3] 规范编制组. 2013 建设工程计价计量规范辅导 [M]. 北京：中国计划出版社，2013

[4] 孟昭荣，徐第. 安装造价员岗位实务知识 [M]. 北京：中国建筑工业出版社，2007

[5] 岳井峰. 建筑水暖安装工程预算入门与案例详解 [M]. 北京：中国电力出版社，2013

[6] 岳井峰. 水暖安装工程预算快速入门与技巧 [M]. 北京：中国建筑工业出版社，2014

[7] 李作富，李德兴. 电气设备安装工程预算知识问答 [M]. 第 2 版. 北京：机械工业出版社，2007

[8] 朱亮，陈饶. 工业管道工程预算知识问答 [M]. 第 2 版. 北京：机械工业出版社，2006

[9] 李富强，金俊. 给排水、采暖、燃气、热力设备安装工程预算知识问答 [M]. 第 2 版. 北京：机械工业出版社，2006

[10] 刘东. 通风空调工程预算知识问答 [M]. 第 2 版. 北京：机械工业出版社，2006

[11] 熊德敏. 安装工程定额与预算 [M]. 北京：高等教育出版社，2003

[12] 建设部标准定额研究所. 全国统一安装工程预算定额解释汇编 [S]. 北京：中国计划出版社，1993

[13] 程瑞昌. 建筑工程设计施工安装图解全集 [S]. 合肥：安徽文化音像出版社，2003

[14] 张辉. 建筑安装工程施工图集 [S]. 第 3 版. 北京：中国建筑工业出版社，2007